J. Altmann

Starthilfe
BWL

Starthilfe
BWL

Von Prof. Dr. rer. pol. Jörn Altmann
Hochschule für Technik und Wirtschaft – FH Reutlingen

B. G. Teubner Stuttgart · Leipzig 1999

Prof. Dr. rer. pol. Jörn Altmann

Geboren 1945 in Bremen. Von 1967 bis 1972 Studium der Wirtschaftswissenschaften an den Universitäten Gießen und Lausanne sowie an der Johns Hopkins University in Bologna. 1973/74 Sachverständiger der UN-ILO am Management Development Institute in Ghana, bis 1979 Consultant im In- und Ausland. Von 1979 bis 1990 Professor für Wirtschaftswissenschaften, insbesondere BWL am FB Finanzen (Zoll) an der Bundesfachhochschule für Öffentliche Verwaltung in Sigmaringen und Münster. Von 1990 bis 1999 Professor für Außenwirtschaft/Internationales Management an der Hochschule für Technik und Wirtschaft – FH Bochum. Seit 1999 Professor für BWL, insbesondere Internationales Management am FB Internationales Marketing der Hochschule für Technik und Wirtschaft – FH Reutlingen. Leiter des Instituts für Außenwirtschaft und Umwelt; über 20 Jahre Praxis als Berater für nationale und internationale Institutionen und Unternehmen im In- und Ausland. Autor zahlreicher erfolgreicher Lehrbücher und Fachpublikationen.

Die Deutsche Bibliothek – CIP-Einheitsaufnahme

Altmann, Jörn:
Starthilfe BWL / Jörn Altmann. – Stuttgart ; Leipzig : Teubner, 1999
ISBN-13:978-3-519-00270-3 e-ISBN-13:978-3-322-80018-3
DOI: 10.1007/978-3-322-80018-3

Vorwort

Dieses Buch wendet sich vor allem an drei Zielgruppen. Es ist immer wieder festzustellen, daß **Schüler**, die sich mit dem Gedanken tragen, ein Studium der BWL zu beginnen, nur in Umrissen eine Vorstellung vom Fachgebiet Betriebswirtschaftslehre haben. Dieses Buch soll ihnen daher Informationen darüber geben, womit sich die Betriebswirtschaftslehre inhaltlich befaßt, wie sie mit der Praxis verzahnt ist und welche beruflichen Perspektiven sich damit verbinden.

Gleichermaßen besteht für **Studenten**, die bereits ein BWL-Studium aufgenommen haben, häufig ein Orientierungsproblem, weil sie viele Veranstaltungen nur ungenau einordnen können, die ihnen teils durch den Studienplan vorgeschrieben werden, zwischen denen sie aber auch auswählen können. Die verschiedenen Kapitel dieses Buches beschreiben die Schwerpunkte und Spezialisierungen der Betriebswirtschaftslehre, die sich in den Veranstaltungsplänen der betriebswirtschaftlichen Hochschulen widerspiegeln. Diese Orientierungshilfe erleichtert es, die richtigen Studienschwerpunkte im Hinblick auf die beruflichen Perspektiven herauszufinden.

Und schließlich soll das Buch auch **Absolventen anderer Fachrichtungen** den ersten Zugang zur BWL erleichtern, insbesondere Ingenieuren, Sprachwissenschaftlern und Juristen, die Betriebswirtschaftslehre im Nebenfach oder als Aufbau oder Ergänzung studieren wollen. In zunehmendem Maße decken Ingenieure bei Vertragsverhandlungen auch die kaufmännischen Aspekte mit ab, während Dolmetscher und Übersetzer im Zuge der Internationalisierung und Globalisierung der Wirtschaft sich ohnehin mit betriebswirtschaftlichen Aspekten beschäftigen müssen.

Die heutige Betriebswirtschaftslehre unterscheidet sich von der bisherigen, traditionellen BWL insbesondere durch die **Internationalisierung**. So gibt es beispielsweise das Lehrgebiet der Steuerlehre. Traditionell - und zu Recht - beschäftigte sie sich mit dem nationalen (deutschen) Steuerrecht. In zunehmendem Maße ist das jedoch für viele Unternehmen nicht mehr ausreichend, weil sie bei internationalen Aktivitäten mit ausländischem Steuerrecht in Berührung kommen. Genauso sind internationale Aspekte im Marketing (Produktgestaltung, Werbung, Vertriebswege im In- und Ausland etc.) zu berücksichtigen oder bei der Unternehmensführung (sog. interkulturelles Management), denn sehr viele Unternehmen produzieren und kaufen im Ausland, verkaufen dort; Manager reisen ins Ausland, haben ausländische Kunden, sprechen mit Besuchern aus anderen Ländern. Im vorliegenden Buch wird auf diese Veränderungen sowohl innerhalb der einzelnen

Fachgebiete als auch speziell, z.B. im Hinblick auf Besonderheiten des internationalen Managements, immer wieder Bezug genommen.

Diese **Teubner-Starthilfe BWL** gibt einen Einblick in die wichtigsten betriebswirtschaftlichen Zusammenhänge. Dabei kann natürlich nicht in die Tiefe gegangen werden; das ist bei einem rund 100seitigen Buch nicht möglich. Daher wird auch keineswegs der Anspruch erhoben, umfassendes Wissen vermitteln zu wollen. Vielmehr wird bei der Kurzdarstellung der verschiedenen fachlichen Schwerpunkte innerhalb der Betriebswirtschaftslehre erläutert, mit welchen Fachgebieten man sich an den Hochschulen im Studium beschäftigen kann und welche Besonderheiten diese aufweisen, so daß sich Bezüge zur eigenen Berufswahl herstellen lassen.

Mein besonderer Dank gilt meinem Mitarbeiter, Herrn Dipl.-Betriebswirt Martin Spreen, ohne dessen Unterstützung und Engagement dieses Buch in dieser Form nicht vorliegen würde.

Bochum/Reutlingen, im Juni 1999 Jörn Altmann

Inhalt

Zum Image und zum Praxisbezug der Betriebswirtschaftslehre

- **Image**

Den Wirtschaftswissenschaften haftet nicht immer ein positives Image an. Dies liegt an einer oft schwer verständlichen Fachsprache (was nicht selten völlig unnötig ist), an mathematisierten Darstellungen oder unzureichendem Bezug zur Realität. Ein schönes Beispiel verdeutlicht das:

„Auf der ersten Etappe der 'Reise um die Welt in 80 Tagen' benutzten die Reisenden einen Ballon. Über Frankreich wurde der Ballon von Wolken umhüllt, die Ballonfahrer verloren die Orientierung und mußten tiefer gehen. Als sie auf einem Feld einige Bauern sahen, riefen sie hinunter: ‚Können Sie uns sagen, wo wir uns befinden?' Einer der Bauern antwortete: ‚Sie befinden sich genau über meinem Feld in einem Ballon.' Die Ballonfahrer überlegten, was der Bauer wohl gemeint haben könnte. ‚Dieser Mann muß ein Ökonom sein,' meinte einer. ‚Der Mann hat die Situation genau beschrieben, aber das hilft uns nicht weiter.' "[1]

Man beachte: Die Rede ist von einem Ökonomen. Nun muß man herausfinden, was für einer, denn es gibt zwei Arten: Betriebswirte und Volkswirte. Die **Betriebswirte** (Absolventen der Betriebswirtschaftslehre: BWL) kämen bei unseren Ballonfahrern wahrscheinlich tendenziell etwas besser weg als die **Volkswirte** (Absolventen der fachlichen Schwester, der Volkswirtschaftslehre: VWL), denn die BWL beschäftigt sich mit sehr praxisnahen Fragen des Unternehmerdaseins und hat damit - meist - sehr deutliche Bodenhaftung. (Ausnahmen bestätigen die Regel, denn auch in der BWL findet sich schon mal sprachlicher Nebel. Wenn man bestimmte Fachtermini ins Bürgerliche übersetzt, hat man oft den Eindruck: „Warum einfach, wenn es auch kompliziert geht?") Die Volkswirtschaftslehre sieht die Erkenntnisse der BWL eher 'von oben', so wie unsere Ballonfahrer die Bauern sahen, und trachtet nach Verallgemeinerungen, die sie der ganzen Nation zur Verfügung stellen will (Nationalökonomie). Mögen die Volkswirte für sich sprechen.

---

[1] FAZ vom 14.8.1980, übernommen von Charles Wolf Jr., The Rand Corporation, Santa Monica/ Kalifornien.

- **Anwendungsmöglichkeiten**

Was kann man nun mit dem Studium der BWL anfangen? Schon vom Wort her wird einleuchten, daß man sich nach einem Studium der BWL irgendwie in der Nähe von Betrieben wiederfinden dürfte. Der Begriff „Betrieb" mag in bestimmten Zusammenhängen völlig adäquat sein, insgesamt gesehen ist er etwas verstaubt und kann oft besser durch „Unternehmen" ersetzt werden. Und die Betriebswirtschaftslehre ist - moderner gesprochen - die Wissenschaft vom Unternehmensmanagement. Pauschal gesehen, gibt es zwei Anwendungsmöglichkeiten:

Entweder nutzt man seine BWL-Kenntnisse und -Erfahrungen unmittelbar in einem Unternehmen: als Spezialist für Finanzen, den Export, als Controller, im Marketing, im Personalmanagement, im Fertigungsmanagement. Die Gliederung dieses Buches gibt einen kleinen Überblick über die fachlichen Schwerpunkte, die man im Studium teils nach Belieben, teils durch Curricula vorgegeben kombinieren kann. In der Regel erwirbt man Kompetenzen auf mehr als einem Fachgebiet. Den Begriff Unternehmen sollte man weit fassen. Als Einsatzfelder bieten sich nicht nur Handel, Handwerk und Industrie an, sondern auch Fußballvereine, Krankenhäuser, Kommunalverwaltungen, Versicherungen, Banken. Ein guter Betriebswirt ist überall gern gesehen.

Eine andere Option ist, daß man sein Wissen überbetrieblich anwendet in Verbänden, Forschungsinstituten, Bundes- und Landesbehörden, Gewerkschaften, Parteien, in den Kirchen, bei Forschungseinrichtungen innerhalb und außerhalb der Hochschulen. Für kompetente Betriebswirte bieten sich zahlreiche Berufschancen.

- **Hochschultypen**

Betriebswirtschaftslehre kann man an Universitäten, Fachhochschulen, Berufsakademien und verschiedenen anderen Bildungsinstitutionen studieren - natürlich nicht überall in der gleichen Weise. Die verschiedenen Institutionen wachen eifersüchtig über ihre Spezifika, mit denen sie sich von anderen unterscheiden und die dann für die jeweiligen Studenten bei der Wahl des Studienplatzes ausschlaggebend sind. Das Studium der BWL unterteilt sich an allen Hochschulen in ein viersemestriges **Grundstudium** mit einem weitestgehend festgelegten Pflichtprogramm und das darauf aufbauende **Hauptstudium** mit Wahlmöglichkeiten hinsichtlich der fachlichen Schwerpunkte. Diese sind von Hochschule zu Hochschule unterschiedlich. **Diplom-Betriebswirt** kann man nach 7 bis 8 Semestern nur an **Fachhochschulen** und damit verwandten Institutionen werden. Eine **Universität** hingegen verläßt ein Betriebswirt nach 8 bis 10 Semestern als **Diplom-Kaufmann** (bzw. -Kauffrau) (je nach dem Engagement des Studenten; die theoretisch möglichen Minimalstudien zeiten werden jedoch aus den verschiedensten, hier nicht zu erörternden Gründen oft überschritten).

Tendenziell bieten die Universitäten ein theoretischer ausgerichtetes Lehrangebot an als die Fachhochschulen, bei denen sowohl hinsichtlich der Lehrpläne als auch hinsichtlich der Qualifikation der Professoren auf ausgeprägten Praxisbezug Wert gelegt wird.

Das Universitätsdiplom ist Voraussetzung für eine **Promotion**, d.h. ein weiterführendes Studium zum Erwerb eines **Doktorgrades**. Für Fachhochschulabsolventen gibt es gleichfalls die Möglichkeit der Promotion an einer deutschen Universität, doch ist dies in der Praxis äußerst selten (aber es gibt Auswege, vgl. weiter unten). Die **deutschen Diplom-Bezeichnungen** müssen im Ausland meist erläutert werden. Zum einen sind dort andere Begriffe für 'Betriebswirtschaftslehre' üblich, z.B. *business administration* oder *management* im anglophonen, *gestion de l'entreprise* im frankophonen, *estudios empresariales* im spanischsprechenden Raum, d.h., der Bezug zu Unternehmen und Management ist dort deutlicher.

Zum anderen sind deutsche Diplome nur bedingt mit den international üblichen Hochschulabschlüssen vergleichbar. Während sich in Deutschland das Studium in Grund- und Hauptstudium unterteilt (wobei mit dem erfolgreichen Abschluß des Grundstudiums kein akademischer Grad verbunden ist), kann man in Großbritannien, den USA und anderen anglophonen Ländern nach drei bis vier Jahren den Abschluß *Bachelor of Arts* (**B.A.**) erwerben und nach weiteren ein bis zwei Jahren den *Master of Arts* (**M.A.**). In Frankreich heißen die entsprechenden und vergleichbaren Abschlüsse, die in analogen Zeiträumen möglich sind, *licence* bzw. *maîtrise* und *diplomatura* bzw. *licienciatura* in Spanien. **M.B.A.**-Programme (*Master of Business Administration*) werden im In- und Ausland in sehr vielfältiger Form angeboten, wobei sowohl die Struktur als auch die Qualität sehr heterogen ist. Während der **Diplom-Kaufmann** der Universitäten 'wertmäßig' *M.A., maîtrise* und *licienciatura* entspricht, liegt der **Diplom-Betriebswirt** der Fachhochschulen jeweils genau zwischen B.A./M.A. bzw. *licence/maîtrise* oder *diplomatura/licienciatura*; für den M.B.A. gibt es kein deutsches Äquivalent.

Die meisten Fachhochschulen und auch einige Universitäten haben integrierte betriebswirtschaftliche **binationale Studiengänge** eingerichtet, in denen die Studenten gleichzeitig ein deutsches und ein ausländisches Diplom erwerben können, ohne daß sich die Studiendauer verlängert. Das Studium findet dabei teils in Deutschland, teils an einer (oder mehreren) ausländischen Partnerhochschule statt. Viele Fachhochschulen bieten damit die Möglichkeit, in einem integrierten Studiengang das deutsche FH-Diplom plus einen ausländischen *Universitäts*abschluß zu erwerben, der ihnen - theoretisch schon nach vier, meist aber nach fünf Jahren - im Ausland ebenso wie an deutschen Universitäten den Zugang zur Promotion ermöglicht. Aus der Sicht der Industrie sind die Unterschiede zwischen den Absolventen der beiden Hochschultypen daher fließend, was sich auch in oft sehr ähnlichen Anfangsgehältern ausdrückt. Es ist hier nicht der Ort, Empfehlungen abzugeben für die Entscheidung für oder gegen bestimmte Hochschultypen. Es empfiehlt sich aber, sich vor der **Immatrikulation** (Einschreibung) an einer Hochschule sehr genau über die verschiedenen Varianten und Möglichkeiten zu informieren und ggf. auch einen Wechsel des Studiengangs in Erwägung zu ziehen.

- **Hochschulstrukturen**

Für Außenstehende ist die Struktur einer Hochschule nicht immer transparent. In Deutschland besteht das Prinzip der **Selbstverwaltung**, d.h., die Hochschulen sind für die Erfüllung der meisten Aufgaben selbst verantwortlich. In der jüngeren Vergangenheit erstreckt sich das auch auf eine weitgehende **Finanzautonomie**. Das **Hochschulrecht** ist nach dem deutschen Grundgesetz **Ländersache**, so daß in jedem Bundesland über den Hochschulen ein **Wissenschaftsministerium** 'wacht' (dabei gibt es von Land zu Land unterschiedliche Ressortbezeichnungen).

Eine Hochschule wird von einem **Präsidenten** oder **Rektor** geleitet; ihm steht der **Kanzler** als Leiter der Hochschulverwaltung zur Seite. Sowohl die Leitungsstrukturen als auch die Bezeichnungen sind von Hochschule zu Hochschule unterschiedlich; die folgenden Ausführungen sind daher als Beispiel zu verstehen. Neben dem Rektor sind **Prorektoren** als stellvertretende Rektoren für bestimmte Bereiche zuständig, beispielsweise für Forschung und Lehre oder Finanzen. Die verschiedenen wissenschaftlichen Fachrichtungen werden als **Fachbereiche** oder (an einigen Universitäten) als **Fakultäten** bezeichnet. Sie werden jeweils von einem **Dekan** geleitet, dem als Stellvertreter ein **Prodekan** zur Seite steht. Die Funktionen als (Pro-) Rektor und Dekan sind **Wahlfunktionen**, d.h., die Funktionsträger werden von den Mitgliedern des *Lehrkörpers* und der *wissenschaftlichen Mitarbeiter* sowie von Vertretern der *Studenten* gewählt, meist für vier Jahre, mit der Möglichkeit der Wiederwahl. Diese Struktur wird jeweils ergänzt durch eine entsprechende - dauerhafte - Verwaltungsstruktur mit Beamten und Angestellten im öffentlichen Dienst.

Der Lehrkörper besteht aus hauptamtlichen **Professoren** (und natürlich Professorinnen), die als Beamte vom jeweiligen Wissenschaftsministerium auf Lebenszeit berufen werden, sowie meist aus einer Vielzahl von **Lehrbeauftragten**, die bestimmte spezielle Fachrichtungen abdecken oder die 'Lücken' aufgrund noch unbesetzter Stellen überbrücken. Je nach Hochschultyp ist die Zahl der wissenschaftlichen Mitarbeiter (mit Hochschulabschlüssen) unterschiedlich groß. Sie unterstützen die Hochschullehrer in Forschung und Lehre.

Die Mitglieder jedes Fachbereichs wählen einen **Fachbereichsrat** (Fakultätsrat), der sich aus Vertretern der Professoren, des wissenschaftlichen Mittelbaus und der Studenten zusammensetzt. Der Fachbereichsrat wählt den Dekan und den Prodekan. Die Mitglieder *aller* Fachbereiche wählen parallel dazu Vertreter in den **Senat** der Hochschule, der für fachbereichsübergreifende Aufgaben zuständig ist. In der Regel wählt der **Konvent** der Hochschule oder der Senat aus seiner Mitte den Rektor und die Prorektoren der Hochschule. Auf weitere Gremien und Funktionen der Hochschulen kann hier nicht eingegangen werden.

Die **Einflußmöglichkeiten der Studenten** sollten nicht unterschätzt werden, denn sie können sowohl im Fachbereichsrat mitbestimmen und damit auf die Geschicke und das Management des Fachbereichs Einfluß nehmen als auch bei Berufungsentscheidungen mitwirken (vgl. anschließend). Unabhängig davon wählen sie ihre Interessenvertretung in Form des Allgemeinen Studentenausschuß (**AStA**) bzw. der **Fachschaft**. Das Engagement der Studenten hinsichtlich der Wahl ihrer Vertreter könnte allerdings meist deutlich intensiver sein, wie die Wahlbeteiligung bei den Wahlen zu den Gremien der Hochschulselbstverwaltung zeigt. Für manchen studentischen Funktionsträger hingegen war dies die erste Stufe in der beruflichen Karriere, weil Personalmanager Eigeninitiative und Engagement schätzen.

- **Werdegang eines Professors**

Der Weg zum Berufsziel eines Professors an einer Hochschule ist recht lang. Voraussetzung für den Berufsweg ist ein abgeschlossenes **Universitätsstudium**. (Wie oben erwähnt, können Fachhochschulabsolventen im Rahmen eines integrierten Studiengangs in der Regel in vergleichbarer Zeit - vier bis fünf Jahre - einen entsprechenden Abschluß erreichen.) Darauf aufbauend muß ein **Doktorgrad** erworben werden (**Promotion**): durchschnittliche Dauer zwischen zwei und fünf Jahren, oft länger, je nach Thema der Doktorarbeit und der beruflichen Belastung in oder neben dem Doktorandenstudium. Viele Doktoranden arbeiten während dieser Zeit als Assistenten am Lehrstuhl ihres Doktorvaters (bzw. der Doktormutter...), andere gehen einem Beruf außerhalb der Hochschule nach und promovieren somit 'extern'. Das Promotionsstudium schließt mit einer Doktorarbeit ab (**Dissertation**), die in einer mündlichen Prüfung (**Rigorosum**) 'verteidigt' werden muß. Der akademische Grad weist dann auf die Fachrichtung hin: bei Wirtschaftswissenschaftlern und einigen anderen Gesellschaftswissenschaftlern heißt es dann **Dr. rer. pol.** (*rerum politicarum*, von lat. *res* = Sache), bei Juristen Dr. jur., bei Naturwissenschaften Dr. rer. nat. (*rerum naturalium*), bei Ingenieuren Dr.-Ing., bei

Medizinern Dr. med. (*medicinae*), bei Zahnärzten Dr. med. dent. (*medicinae dentariae*), usw.

Nun teilt sich der Weg:

- Für eine Professur an einer Universität ist eine weitere wissenschaftliche Prüfung zu bestehen (Habilitation), für die eine **Habilitationsschrift** anzufertigen ist und fachbereichsinterne Prüfungen bzw. Lehrproben zu bestehen sind, Dauer wiederum zwei bis fünf Jahre, je nach - wie oben. Dadurch wird die akademische Lehrbefähigung erworben (*venia legendi*). Der akademische Doktorgrad heißt dann **Dr. habil.**
- Für eine Professur an einer Fachhochschule ist nach der Promotion - wegen des erforderlichen Praxisbezugs - anstelle der Habilitation eine mindestens fünfjährige Berufserfahrung außerhalb einer Hochschule nachzuweisen, davon mindestens drei Jahre außerhalb einer Hochschule.

Wer sich für eine Hochschulprofessur bewirbt, hat also schon einiges hinter sich gebracht. Aber es ist ja noch nicht zu Ende: Jede Hochschullehrerstelle muß bundesweit **ausgeschrieben** werden, um jedem Interessierten die Möglichkeit zur Bewerbung zu geben. Die Stellenausschreibung beinhaltet dabei eine entsprechende **Widmung**, in der das Fach- und Aufgabengebiet spezifiziert wird. Beispielsweise liest man „Professur für Allgemeine BWL, insbesondere internationales Management" sowie „Der Bewerber sollte Erfahrungen nachweisen in ...", und dann folgen meist einige ergänzende Kriterien wie z.B. „Auslandserfahrung und verhandlungssichere Sprachkenntnisse in Englisch. Der Bewerber sollte fähig und bereit sein, Lehrveranstaltungen in Englisch abzuhalten", und und und.

Der Fachbereichsrat bestellt für jede zu besetzende Stelle eine **Berufungskommission**, in der Professoren, wissenschaftliche Mitarbeiter und Studenten vertreten sind. Aus der (oft großen) Zahl der Bewerbungen sucht die Berufungskommission meist 4 bis 6 aussichtsreiche Kandidaten aus und lädt diese zu - hochschulöffentlichen - Probelehrveranstaltungen und anschließendem Fachgespräch ein. Danach schlägt die Berufungskommission eine Liste von drei Kandidaten mit den Listenplätzen 1, 2 und 3 vor, die vom **Fachbereichsrat**, vom **Senat** und der **Frauenbeauftragten** der Hochschule diskutiert und genehmigt werden muß. (Man beachte wiederum die Einflußmöglichkeiten der studentischen Vertreter in den verschiedenen Stadien des Verfahrens.) Dann wird die Liste dem zuständigen **Wissenschaftsministerium** des Landes vorgelegt, wobei erfahrungsgemäß der Erstplazierte vom Minister berufen wird („einen **Ruf** erhält"), aber es kann durchaus auch der Zweit- bzw. Drittplazierte berufen werden. Bevor ein Bewerber einen Ruf annimmt, führt er in der Regel ausführliche Gespräche mit dem Dekan des künftigen

Fachbereichs, ggf. auch mit dem Rektor, und mit dem Wissenschaftsministerium, um Einzelheiten zu klären und zu regeln.

Je nach *Standing* des Kandidaten kann sich dies auch auf die Besoldung bzw. andere materielle Aspekte wie die Zahl der Mitarbeiter bzw. die individuell zu verwaltenden Haushaltsmittel erstrecken. Berufenen, die bereits an einer Hochschule tätig sind, gelingt es dabei oft, in **Bleibeverhandlungen** eine Besserstellung an ihrer jetzigen Hochschule zu erreichen, so daß sie dann den Ruf der anderen Hochschule ablehnen: Mit der Zahl der Berufungen verbessern sich die materiellen und personellen Rahmenbedingungen des Professors.

Das gesamte Verfahren dauert - von der Ausschreibung bis zur Annahme des Rufs - selten weniger als ein Jahr, in den meisten Fällen erheblich länger. Solange für die zu besetzende Stelle kein Bewerber berufen werden kann, behelfen sich die Hochschulen in der Regel mit Lehrbeauftragten, um das Lehrangebot abzudecken.

Hochschullehrer werden als Landesbeamte in einer eigenen **Besoldungsgruppe** bezahlt, der sog. C-Besoldung: Das Beamtenrecht unterscheidet die A- und B-Besoldungen für Landes- bzw. Bundesbeamte (A1 bis A 16; z.B. A 13 bis A 16 für Studienrat, Oberstudienrat, Studiendirektor und Oberstudiendirektor an einem Gymnasium). Für höhere Funktionen im öffentlichen Dienst schließt sich - leicht überlappend - die B-Besoldung an: Ein Vier-Sterne-General wird in B 10 eingestuft, ein Staatssekretär in B 11; ein Minister erhält 1 1/3, der Bundeskanzler 1 2/3 von B 11. Für Richter gibt es eine eigene R-Besoldung, und für Hochschullehrer die C-Besoldung mit den Stufen C1 bis C4. C1-Stellen werden meist für Habilitanten ausgewiesen. An Fachhochschulen erfolgt die Besoldung nach C2 und C3, an Universitäten nach C2 (selten), C3 und C4. Im Gegensatz zu 'normalen' Beamten können Hochschullehrer nicht befördert werden; jede Höhergruppierung (z.B. von C3 zu C4) erfordert ein Berufungsverfahren wie bei einer Erstberufung.

- **Fachliche Struktur des Studiums**

Auch der folgende Aspekt kann natürlich nur angetippt werden. Jedem Studenten stellt sich die Frage, ob ein schmales, aber tiefgehendes Studium sinnvoll ist oder ein breites, aber tendenziell weniger vertiefendes. Anders ausgedrückt: *Spezialist oder Generalist*? Dies hängt auch vom eigenen Berufsziel ab, denn wer z.B. ganz sicher Steuerberater werden will, wird wahrscheinlich eher Aspekte ausklammern, die für einen Fertigungsmanager eine ganz große Bedeutung haben. Das Problem ist, daß man meist zu Beginn des Studiums noch nicht so genau weiß, was daraus fachlich schließlich werden soll.

Zur Beruhigung: In vielen Fällen stehen bei Einstellungsentscheidungen der Personalmanager nicht die fachlichen Strukturen der absolvierten Studienschwerpunkte im Vordergrund, sondern vielmehr persönliche Schlüsselqualifikationen wie Auftreten, Analyse- und Argumentationsfähigkeit, Flexibilität oder Team- und Führungsfähigkeit.

Hinsichtlich der Frage nach der konkreten Gestaltung des Studiums wird man - je nachdem, wen man fragt - die unterschiedlichsten Ratschläge und Strategieempfehlungen erhalten. Unabhängig davon empfiehlt es sich jedoch, das Studium im Hinblick auf die zu studierenden Inhalte gut zu strukturieren und insbesondere den Zeitfaktor im Auge zu behalten. Ein betriebswirtschaftliches Studium kann durchaus in den an Universitäten und Fachhochschulen ausgewiesenen Regelstudienzeiten absolviert werden; diese Vorgaben sind zwar eng, aber nicht unmöglich. Insbesondere, wer nicht das Privileg genießt, ein Studium *„sponsored by Papa"* in beliebiger Dauer sich entwickeln lassen zu können, sollte die Studiendauer im Auge behalten. Im Hinblick auf die Einstellungschancen kann man die Regelstudienzeiten durchaus (in Maßen) überziehen, aber ein BWL-Studium von 16 Semestern ruft schon eher Aufmerksamkeit hervor, wenn keine besonderen Gegebenheiten vorliegen.

In jedem Fall ist eine individuelle Studienberatung zu empfehlen, um die eigenen Interessen mit den seitens der Hochschulen angebotenen Möglichkeiten bestmöglich in Einklang zu bringen. Zeitlich etwas später sollten auch Angebote hinsichtlich von Lern- und Studier- und Prüfungstechniken, Zeitmanagement, Streßmanagement und Konzentrationsverbesserung wahrgenommen werden. Solche Aspekte mögen gelegentlich trivial wirken, doch beruhen sie in der Regel auf sehr langfristigen, profunden Erfahrungen. Man sollte ihnen eine Chance geben.

Nach diesem allgemeinen Vorspann werden nun im folgenden die wichtigsten Fachgebiete der Betriebswirtschaftslehre vorgestellt. Die Darstellung erhebt keinen Anspruch auf Allgemeingültigkeit und auch nicht auf Vollständigkeit, weil sich von Hochschule zu Hochschule viele Unterschiede ergeben. Insgesamt aber dürften die meisten Sachgebiete an jeder Hochschule mit betriebswirtschaftlichen Studiengängen in einer recht ähnlichen Form angeboten werden.

1. Abgrenzung und Systematik der Betriebswirtschaftslehre

- **BWL und VWL**

Es gibt zwei Hauptgebiete der Wirtschaftswissenschaften: die Volkswirtschaftslehre (VWL) und die Betriebswirtschaftslehre (BWL). Diese Trennung ist jüngeren Datums. Die VWL ist der ältere Wissenschaftszweig; sie wurde in wesentlichen Teilen schon im 16. und 17. Jahrhundert entwickelt. Die BWL gibt es erst seit etwa hundert Jahren. Historisch gesehen wurden die Fundamente der Ökonomie bereits in der Antike gelegt, wobei die ersten Ansätze betriebswirtschaftlicher Art sind: Ein Tontäfelchen von etwa 3000 v.Chr. wird als früher Buchhaltungsbeleg angesehen. Aus Ägypten, Griechenland und Rom stammen Verhaltensregeln für ökonomisch richtige Viehfütterung, für Sklavenhaltung und die Wahl der Ehefrau, Anleitungen zur Produktionsplanung und Verkaufsstrategien (Vieh sollte anständig gefüttert und getränkt werden, bevor man es für den Verkauf wiegt). In Ägypten gab es um 2000 v.Chr. richtige Handelsschulen, in Babylon wurde 1728 v.Chr. die Buchführungspflicht für Kaufleute eingeführt.

Die Bezeichnung **Ökonomie** geht auf Aristoteles (384-322 v.Chr.) zurück. Er unterscheidet die königliche, die provinzielle, die städtische sowie die private Wirtschaft des freien Bürgers - eine den heutigen Ebenen von Bund, Ländern, Gemeinden und Bürgern recht ähnliche Einteilung. Das „Haus des freien Bürgers“ heißt griechisch *oikos*, woraus sich Ökonomie ableitet.

Betrachten wir zunächst die VWL. Die **Volkswirtschaftslehre** (synonym: Nationalökonomie) beschäftigt sich mit gesamtwirtschaftlichen Zusammenhängen. Sie betrachtet weniger das Verhalten einzelner Individuen als die Wirkungen, die sich daraus insgesamt ergeben, z.B. das Entstehen von Inflation, von Arbeitslosigkeit, die Wirkung einer Veränderung der Geldmenge oder der Zinsen. Natürlich geht auch die VWL von einzelnen Individuen aus:

- Die **Mikroökonomie** ist die 'Lehre vom einzelnen', 'vom Kleinen', die **Makroökonomie** ist die 'Lehre vom Gesamten', 'vom Großen'. Die Begriffe Mikro/Makro finden sich auch in den Naturwissenschaften, z.B. bei Mikrokosmos und Makrokosmos. In der Mikroökonomie werden typische individuelle Verhaltensmuster erarbeitet, beispielsweise die Erkenntnis, daß der Mensch normalerweise weniger als vorher von einem Gut kauft, wenn es teurer wird, oder daß er mehr kauft, wenn sein Einkommen steigt. Umgekehrt macht es einem Verkäufer (Unternehmer) mehr Freude, wenn er einen höheren als einen niedrigeren Preis erzielen kann. Normal bedeutet: in der statistischen Mehrheit, d.h., man braucht sich keine Gedanken zu machen, wenn man sich im Einzelfall anders verhält. Diese Zusammenhänge lassen sich sehr schön als Kurven darstellen und mit den verschiedensten mathematischen Instrumenten bearbeiten. Nicht zuletzt aus diesem Grund ist die Mathematik an den allermeisten Fachbereichen der Hochschulen ein Propädeutikum, d.h. ein Fach, das jeder Student erfolgreich abgeschlossen haben muß, bevor er sich um höhere Weihen wie z.B. das Hauptstudium bemühen kann.

- Die mikroökonomischen Erkenntnisse über Verbraucher und Unternehmen werden in der **Makroökonomie** zusammengefaßt (aggregiert) zu gesamtwirtschaftlichen Zusammenhängen. Beispielsweise kann man sagen, daß der Preis eines Gutes steigt, wenn die Gesamtnachfrage anhaltend größer ist als die angebotene Menge. In der Mikroökonomie ist der Preis für den einzelnen meist eine gegebene Größe (Ursache), die er allein nicht beeinflussen kann und auf die er mit seinem Kaufverhalten reagiert (Wirkung). In der Makroökonomie ist der Preis eine abhängige Variable (Wirkung), die sich aus dem Verhalten der vielen einzelnen ergibt (Ursache). Die Makroökonomie hat wiederum verschiedene Spezialgebiete, die sich z.B. mit dem Wirtschaftswachstum (u.a. des Bruttoinlandsprodukts), dem Auf und Ab der Konjunktur, mit Geld, Steuern, der Einkommensverteilung, der Arbeitslosigkeit u.a.m. beschäftigen. Auch aus unternehmerischer Sicht ist es dabei beispielsweise interessant zu analysieren, weshalb innerhalb der Europäischen Union mit dem Euro eine **Währungsunion** realisiert wird, während andere Staatenverbände dies offensichtlich nicht beabsichtigen.

Die **Betriebswirtschaftslehre** untersucht gleichfalls das Verhalten einzelner Wirtschaftssubjekte, wie es so schön hölzern heißt. Im Zentrum ihrer Betrachtung stehen aber die Unternehmer als Anbieter von Sachgütern oder Dienstleistungen. Die Verbraucher (gleichbedeutend Haushalte, Konsumenten) sind dabei in ihrer Gesamtheit der unabdingbare Gegenpol als Nachfrager. So gesehen, ist auch die BWL eine mikroökonomische Wissenschaft. Sie versucht, den Unternehmern **Handlungsempfehlungen** zu geben, wie man ein Unternehmen erfolgreich führt. Eigentlich sollte man daher von Unternehmenswissenschaft sprechen, aber der Begriff Betriebswirtschaftslehre ist nun einmal historisch gewachsen.

Im anglophonen Sprachraum wird heutzutage meist von Management gesprochen, aber auch dort gibt es den Begriff *business administration* - als ob man 'business' verwalten könnte. Auch die Franzosen sprechen von *gestion de l'entreprise*

('Verwaltung' des Unternehmens). Zahlreiche Teildisziplinen der Betriebswirtschaftslehre werden in zunehmendem Maße als Management angesprochen, z.B. Personalmanagement, Finanzmanagement, Einkaufsmanagement, Lagermanagement, Steuermanagement usw. Die BWL ist somit eine **Managementwissenschaft**.

Da die *Betriebs*wirtschaftslehre inhaltlich eine *Unternehmens*lehre ist, stellt sich die Frage nach dem Unterschied zwischen **Betrieb** und **Unternehmen**. Betrieb ist zunächst einmal ein neutraler Begriff, der auch ins Denkschema planwirtschaftlicher Wirtschaftsordnungen paßte. In der DDR hieß es zum Beispiel VEB: Volkseigener Betrieb. Unternehmen hatte hingegen schon immer einen marktwirtschaftlichen *touch*. Aber auch in der marktwirtschaftlichen Betriebswirtschaftslehre werden Betrieb und Unternehmen unterschieden, wobei es verschiedene Meinungen gibt und mal Betrieb, mal Unternehmen als Oberbegriff angesehen wird. Nicht selten liest man, daß ein Unternehmen sich in verschiedene Betriebe gliedert. In den deutschen Gesetzen steht es auch mal so und mal so; im Steuerrecht beispielsweise ist Betrieb der Oberbegriff. Es ist müßig, hier näher darauf einzugehen.

Ein sachlicher Unterschied zwischen Unterneh*men* und Unterneh*mung* besteht nicht, doch auch hier ist die Handhabung unterschiedlich: Die Daimler Chrysler AG ist eines der größten Unternehmen, andererseits sprechen viele Lehrbücher z.B. von Finanzierung der Unternehmung. Allerdings heißt es dann wieder: Unternehmensmanagement oder Unternehmensplanung, und man sagt auch Unternehmer. Unternehmung ist sprachlich eher verwandt mit einem Vorhaben (etwas unternehmen, tun, machen). Ich bevorzuge Unternehmen. Firma hingegen ist - formal gesehen - nur der juristische Name eines Unternehmens, der z.B. im Handelsregister eingetragen ist, obgleich man im Sprachgebrauch damit auch ein Unternehmen bezeichnet.

Die Betriebswirtschaftslehre als Wissenschaft gliedert sich in verschiedene sachliche Teilgebiete. Auch dabei ist die Systematisierung uneinheitlich, und auch die Bezeichnungen der Fachgebiete werden an den Hochschulen teilweise unterschiedlich gehandhabt. Heutzutage werden in zunehmendem Maße Einflüsse aus der englischen Sprache deutlich. Pauschal wird zwischen **Allgemeiner** und **Spezieller BWL** unterschieden, doch auch hier gibt es wieder Unterschiede. Einige Autoren verstehen unter der Speziellen BWL Teilgebiete wie Bank-, Industrie-, Versicherungs-, Krankenhaus- oder Handelsbetriebslehre, unterscheiden also nach *Wirtschaftszweigen*. Andere Fachvertreter sehen alle fachlichen Spezialisierungen (Finanzierung, Steuern, Personalmanagement, Absatz, Außenwirtschaft, Risikomanagement etc.), also die Einteilung nach betrieblichen *Funktionen*, als spezielle BWL an. Aber auch das ist kein drängendes Problem

- Ein Studium der BWL hat zahlreiche Bezüge zu anderen Wissenschaftsdisziplinen. Zunächst umfaßt es sinnvollerweise Aspekte der **VWL**. Für unternehmerisches Entscheiden und Handeln ist die Kenntnis der gesamtwirtschaftlichen Bezüge und Rahmenbedingungen eine notwendige Voraussetzung. Wirtschaften ist in erster Linie natürlich individuelles Handeln. Dieses wird jedoch durch gesamtwirtschaftliche Faktoren beeinflußt (Inflation, Steuern, Arbeitsmarktsituation, Wettbewerbsrecht, Umweltschutz, Wechselkurse etc.), die sich teils aus internen, d.h. auch durch die nationale Wirtschaftspolitik beeinflußbaren Faktoren ergeben, teils extern bedingt sind (weltwirtschaftliche Gegebenheiten) und damit hingenommen werden müssen wie das Wetter, die Asienkrise, die Entwicklung zur globalen Wirtschaft oder das internationale Handelsrecht von WTO/GATT. Die Kenntnis um diese Zusammenhänge gehört zum unternehmerischen Rüstzeug, um darauf reagieren zu können und um angemessen über die unternehmerische Verbandsstruktur Einfluß zu nehmen auf die regierungsamtliche Wirtschaftspolitik.

- Auch aus anderer Sicht ist die BWL eine Wissenschaft mit zahlreichen **interdisziplinären Elementen**. Sehr viele Aspekte erfordern Rechtskenntnisse. Das Spektrum reicht von A wie Arbeitsrecht über Handelsrecht, Steuerrecht, Umweltrecht und Wettbewerbsrecht bis hin zu Z wie Zollrecht. In verschiedenen Lehrgebieten werden diese rechtlichen Bezüge behandelt, teilweise mit besonderen Schwerpunkten wie beispielsweise *Wirtschaftsrecht*, wo das unternehmerisch relevante Zivilrecht im Vordergrund steht.

- Neben den rechtlichen Bezügen bestehen weitere **Schnittstellen** insbesondere zu Ingenieurwissenschaften, naturwissenschaftlichen Disziplinen (u.a. Chemie, Physik) und zur Ökologie sowie zu den Verhaltenswissenschaften (hinsichtlich des Umgangs mit Mitarbeitern, Kunden, Lieferanten, Journalisten, Behörden etc.). Schließlich gibt es zahlreiche Bezüge zu Medizin, Psychologie, Soziologie, Politologie, Geschichte, Geographie, Ethnologie - ein breites Spektrum. Die Intensität der Behandlung **interdisziplinärer Aspekte** ist natürlich von Hochschule zu Hochschule unterschiedlich und hängt sowohl von den Lehrplänen ab als auch - und insbesondere - von der persönlichen Auffassung der Lehrenden, ob und inwieweit die Nachbarwissenschaften in ein betriebswirtschaftliches Studium zu integrieren sind.

- Ein wichtiger Aspekt eines betriebswirtschaftlichen Studiums sind **Sprachen** geworden. Bekanntlich erscheint ein wesentlicher Teil der wissenschaftlichen Literatur in englischer Sprache. Auch deutsche und französische Autoren schreiben in Englisch, weil man dann ihre Beiträge international lesen kann. Eine

Fülle von Wissen und Erkenntnissen bleibt jedoch aus sprachlichen Gründen einem breiten Publikum verborgen. Natürlich gibt es nach wie vor eine umfangreiche deutsche Fachliteratur, aber es ist ein Trend hin zum Englischen zu beobachten. Außerdem ist die Umgangssprache in der internationalen Wirtschaft meist Englisch. Man verwendet Englisch oft bei Verhandlungen, Konferenzen und Verträgen, häufig als gemeinsamen Nenner, wenn z.B. ein Deutscher mit einem Koreaner verhandelt. Für die berufliche Karriere als Betriebswirt sind solide Sprachkenntnisse in Englisch fast schon als Standardqualifikation anzusehen, möglichst gekoppelt mit Auslandserfahrung und ergänzt durch Kenntnisse in einer oder mehreren anderen Wirtschaftssprachen. Genannt seien hier vorrangig Spanisch und Französisch, aber durchaus auch Russisch und Chinesisch oder „exotische" Sprachen wie Vietnamesisch oder Ungarisch. Kapitel 10 geht auf diese Aspekte näher ein.

Die in einem betriebswirtschaftlichen Studiengang angebotenen Lerninhalte sind sehr komplex. Grundsätzlich decken die Lehrangebote der BWL alle unternehmerischen Funktionen ab. Der Student muß sich daher sein 'Menü' individuell zusammenstellen, in Abhängigkeit davon, welche beruflichen Perspektiven er verfolgt. Daher können sich sehr unterschiedliche Varianten ergeben.

2. Unternehmensmanagement (Unternehmensführung)

Herz und Seele jedes Unternehmens ist das Unternehmensmanagement. Unter Management versteht man zum einen die Führungs*mannschaft*, die Manager. Es ist nicht immer eindeutig, wer dazu gehört, d.h. wo die Abgrenzung des Managements als dispositiver Faktor gegenüber der ausführenden Arbeit erfolgt (vgl. auch Abschn. 6.2.2). Arbeitsrechtlich gibt es den Leitenden Angestellten, der auf der einen Seite bestimmte Privilegien genießt (insbesondere finanzieller Art, weil die Bezahlung außerhalb der normalen Gehaltstarife erfolgt), auf der anderen Seite dafür Abstriche in Kauf nehmen muß z.B. beim Kündigungsschutz. Zum anderen ist 'Management' der Führungs*prozeß* des Entscheidens, Führens und Kontrollierens von Personen und Sachen. Danach ist jeder ein Manager, der diese Funktionen ausübt, auch auf niedrigerer Hierarchieebene. Die Begriffe Management, Unternehmensführung, Unternehmensleitung werden dabei in der Literatur weitgehend synonym verwendet.

Unternehmerisches Handeln ist - nach dem Axiom des rationalen Handelns - ein verstandesgesteuerter Prozeß, der sich an bestimmten Zielen orientiert. Dieses unternehmerische Zielsystem wird zunächst etwas genauer betrachtet.

2.1. Zielsystem des Unternehmens

Oberstes Unternehmensziel ist die Gewinnmaximierung. Dieses Ziel dürfte für Unternehmen gemeinhin auch typisch sein. Alternativ wird aber beispielsweise auch von der Maximierung des ***shareholder values*** ausgegangen, d.h. vereinfacht: von der Maximierung des Wertes der Gesellschaftsanteile der Anteilseigner.

- **Zielhierarchien**

Aus dem **Oberziel** leiten sich andere Ziele ab, die dann im Hinblick auf das Leitziel instrumentalen Charakter haben und folglich **Zwischen-** oder **Unterziele** sind, z.B. Kapazitätsauslastung, Umsatzausweitung oder Vergrößerung von Marktanteilen. Insgesamt gesehen kann man meist eine Hierarchie dieser Ziele, eine **Zielpyramide** ableiten.

Die Gewinnmaximierung als Oberziel ist aber (meist) kein Selbstzweck, so daß man sie ihrerseits als instrumental für die individuelle Nutzenmaximierung im weiteren Sinne ansehen kann. Denn es gibt auch andere Motive, als Unternehmer tätig zu werden, z.B. den Wunsch, selbständig und unabhängig zu sein, seine eigenen Ideen zu verwirklichen, Familientraditionen fortzusetzen, Macht und Prestige zu gewinnen oder anderes. Hierfür braucht man zwar auch Geld (Gewinn), doch ist die Gewinnerzielung dann nicht das im Vordergrund stehende Ziel, sondern eher Mittel zum Zweck. Beispielsweise ist zu vermuten, daß es manchem Milliardär weniger darauf ankommt, noch eine weitere Milliarde Dollar zu verdienen, sondern mehr auf das Gefühl der Machtausübung und der Beeinflussung von Märkten und Menschen. Natürlich ist dies nur eine Vermutung.

Neben Motiven wie den eben unterstellten können weitere Ziele neben das Ziel der Gewinnerzielung treten, beispielsweise der Umweltschutz oder das Bestreben, ein gutes Betriebsklima zu sichern. In solchen Fällen werden Unternehmer schon einmal darauf verzichten, noch ein paar Mark mehr zu verdienen, weil andere Aspekte wichtiger sind. Es kann nicht verallgemeinert werden, an welcher Stelle der unternehmerischen Zielhierarchie solche Ziele anzusiedeln sind. Festzuhalten bleibt aber, daß **rationales Handeln** voraussetzt, daß sich der Unternehmer bzw. das Management an Leitzielen orientiert. Die Zielstruktur kann für jedes Unternehmen nur individuell abgeleitet werden. Um der unterstellten Rationalität des Handelns zu genügen, ist es nicht erforderlich, daß diese Ziele allgemeingültig sind oder von einer breiten Mehrheit akzeptiert werden. Rationalität ist subjektiv; nur der einzelne kann entscheiden, was für ihn wichtig ist und was nicht. Rationalität läßt sich 'von außen' nur instrumental beurteilen: Bei gegebenem Ziel kann man auf der Basis gegebenen Wissens durchaus extern beurteilen, ob eine bestimmte Verhaltensweise geeignet ist, dieses Ziel zu erreichen, d.h., man untersucht die Logik, ohne den Sinn des Ziels bewerten zu müssen.

Aus Sicht der BWL ist aber nicht nur die Zielstruktur von Interesse, sondern auch, ob sich bestimmte Ziele 'vertragen' (Zielharmonie, Komplementarität von Zielen), sich widersprechen oder sich gegenseitig ausschließen (Zielantinomie, Zielkonkurrenz, Zielkonflikt) oder nichts miteinander zu tun haben (Zielneutralität, Zielindifferenz). Bei Zielharmonie besteht eine positive Korrelation: Wenn man Ziel A verfolgt (Erhöhung des Marktanteils), wirkt sich dies positiv auf Ziel B aus (Umsatzwachstum). Bei Zielantinomie haben wir eine negative Korrelation, weil Ziel A (Kostensenkung) sich schädlich auswirkt auf Ziel B (Umweltschutz). Bei neutralen Zielen besteht keine Korrelation: Die Umsatzerhöhung wirkt sich nicht auf das Betriebsklima aus. Die Zielhierarchie eines Unternehmens muß daher nicht inhaltlich mit gut oder schlecht bewertet werden, dies wäre ein unwissenschaftliches Werturteil. Aber die Logik kann beurteilen, ob die Zielstruktur in sich stimmig ist, d.h. widerspruchsfrei.

- **Ziele und Unternehmensfunktionen**

Aus dem Zielsystem des Unternehmens leiten sich sachlogisch andere Aspekte ab: Zur Realisierung der Ziele muß das Unternehmen konkret gestaltet werden, um die verschiedenen unternehmerischen Aufgaben (Funktionen) erfüllen zu können. Dies ist in erster Linie Aufgabe der Organisation (Kap. 4). Die Organisationsstruktur ist mit Menschen zu besetzen (Personalmanagement, Kap. 5). Der Wertschöpfungsprozeß muß strukturiert und organisiert werden (Produktions- oder Fertigungsmanagement, Kap. 6). Dabei sind Umweltaspekte zu berücksichtigen (Umweltmanagement, Kap 7). Alle Unternehmensfunktionen müssen finanziert werden (Kap. 8). Die erzeugten Produkte (oder Dienstleistungen) müssen verkauft werden (Absatz und Marketing, Kap. 9). Sofern nicht nur der Markt im eigenen Land, sondern auch ausländische Märkte bedient werden, sind spezifische Aspekte im Rahmen des internationalen Management zu beachten (Kap. 10). Im betrieblichen Rechnungswesen werden alle Unternehmensdaten erfaßt und verarbeitet (Kap. 11), und das Steuermanagement stellt auch die Beziehungen zum Staat als Fiskus her (Kap. 12).

2.2. Wichtige Managementkonzepte

Im Zeitablauf verändern sich die Erfolgsfaktoren, die in der wissenschaftlichen Diskussion und in der unternehmerischen Praxis für wichtig gehalten werden. Daraus entstanden immer wieder neue **Managementkonzepte**, die jeweils andere Faktoren in den Mittelpunkt stellen. Die wichtigsten werden im folgenden skizziert. Welches Konzept im konkreten Fall in einem Unternehmen angewendet wird, hängt stark von der Persönlichkeit der Verantwortlichen ab.

- **Strategisches und operatives Management**

Unternehmensmanagement ist zum einen eine Kunst, zum anderen ein Handwerk. Die Grenze ist allerdings fließend. Das Künstlerische am Management kann man nicht richtig erlernen; entweder hat man es oder nicht. Gerade das zeichnet den schöpferischen, kreativen, innovativen, aber auch risikobereiten Unternehmer aus. In der Literatur betonte dies u.a. Joseph Schumpeter (1883-1950). In der Musik ist es ähnlich: Musikalität kann man schlecht lernen. Strategisches Management hat etwas vom Künstlerischen an sich. Auf dieser Ebene werden Visionen geboren, Ideen entwickelt und konkretisiert. Mit der Detailarbeit gibt sich ein kreativer Manager nicht ab. Dies fällt in die Zuständigkeit des operativen Management, der Leitungsebene, auf der die Visionen und Strategien umgesetzt werden. Hier sind handwerkliches Können und Wissen gefragt, und hier ergeben sich vielfältige Wechselwirkungen zwischen Theorie und Praxis.

Natürlich kann man auch Management erlernen. Die entsprechenden Lehr- und Forschungsgebiete an den Hochschulen werden z.B. als **Unternehmensführung** oder als **Allgemeines Management** ausgewiesen, auch als Unternehmenspolitik - die Bezeichnungen sind vielfältig. Die strategischen Überlegungen zur Unternehmensführung sind heute durch Aspekte zu ergänzen, die sonst nicht im Zentrum der Betriebswirtschaftslehre stehen. Hierzu zählen beispielsweise Begriffe wie Macht, Unternehmenskultur oder unternehmerische Ethik.

Hervorzuheben ist, daß die handwerkliche - durchaus wissenschaftlich fundierte - Solidität solcher Lehrangebote sich in hohem Maße aus dem Praxisbezug der Lehrinhalte und der Lehrenden ableitet. Sehr nützlich sind dabei Unternehmensplanspiele, in denen Zusammenhänge verdeutlicht werden und bei denen sich die Konsequenzen alternativer Entscheidungen simulieren lassen. Hier besteht eine Schnittstelle zur **Unternehmensforschung** (*Operations Research*), in der sehr häufig mit quantitativen Planspielen gearbeitet wird. Durch Computersimulation werden dabei aus fiktiven Situationsentwicklungen Rückschlüsse für die unternehmerische Praxis gewonnen.

Strategische Managementüberlegungen sind langfristig orientiert. Verallgemeinert gesehen, leiten sich aus den strategischen Unternehmenszielen, die auch die grundsätzlichen Entscheidungen über die Produktfelder (Güterpalette) und den Unternehmensstandort bedingen, auf der operativen Ebene Vorgaben für die Absatz- und Vertriebsplanung ab: welche Güter, wieviel, für welche Märkte etc. Hieran orientiert sich die Produktionsplanung, die vor dem Hintergrund dieser Vorgabe nach dem **Minimalprinzip** die kostenminimale Produktionsmethode plant, woraus sich Vorgaben für die Investitions- und die Finanzplanung ergeben. Strategische Entscheidungen werden somit auf die operativen Ebenen heruntergebrochen.

- **Interkulturelles Management**

Unternehmen, die im Auslandsgeschäft tätig sind, werden mit Problemen konfrontiert, die durch das Aufeinandertreffen verschiedener Traditionen und Kulturen bedingt sind. Dies umfaßt unterschiedliche Wertvorstellungen (Vertragstreue, Arbeitsmoral) ebenso wie Umgangsformen und die Bedeutung von Symbolen oder Farben bei Produktgestaltung und Werbung. Das gezielte Umgehen mit solchen Aspekten wird als interkulturelles Management bezeichnet (vgl. Kap. 10).

- **Human-Ressources-Konzept**

Das Human-Ressources-Konzept stellt das Humankapital des Unternehmens in den Mittelpunkt. Durch gezielte Personalentwicklung (vgl. Kap. 5) soll das Leistungs- und Motivationspotential der Mitarbeiter optimal genutzt werden. Dies kommt sowohl dem Unternehmen als auch den Mitarbeitern zugute. Durch gezielte Qualifizierung und Förderung der Mitarbeiter wird das Qualifikationsniveau angehoben. Damit verbessern sich die Einsatzmöglichkeiten, was sich positiv auf Motivation und Effizienz auswirkt.

- **Human-Relations-Konzept**

Das Human-Relations-Konzept ist schon älteren Datums; es wurde etwa seit den 30er Jahren bis in die 60er Jahre betont. Es stellt die zwischenmenschlichen Beziehungen innerhalb des Unternehmens in den Mittelpunkt. Indem man den sozialen Bedürfnissen der Mitarbeiter gerecht wird (Arbeitsbedingungen, Kommunikation) und Sozialleistungsmanagement betreibt, wird die Leistungsbereitschaft gefördert.

- **Anreizmanagement**

Das Konzept des Anreizmanagements versucht, die Motivation der Mitarbeiter durch materielle Anreize zu verbessern, z.B. durch Erfolgs- und Leistungsprämien oder zusätzliche Urlaubstage.

- **Unternehmenskultur-Konzept**

Das Unternehmenskultur-Konzept betont übergeordnete Grundsätze und Visionen, die von allen Mitarbeitern getragen werden. In diesem Zusammenhang werden auch das Zugehörigkeitsgefühl zum Unternehmen und die individuelle Identifizierung mit dem Unternehmen gestärkt (*Corporate Identity*). Es beinhaltet auch ethische Aspekte, indem beispielsweise die Aufrichtigkeit gegenüber den Kunden über die Gewinnmaximierung gestellt wird. Daraus wiederum sollen sich für die Mitarbeiter positive Anreize ableiten.

- **Shareholder-Value-Konzept**

Das Shareholder-Value-Konzept räumt den Interessen der Kapitalgeber Priorität ein. Im Kern ist es eine Neuformulierung des bekannten Gewinnmaximierungsprinzips. Daß das Unternehmen nicht nur den Kapitalgebern verpflichtet ist, sondern auch anderen Interessengruppen (*stakeholder*), kommt dabei leicht zu kurz.

- **Lean Management**

Durch Lean Management soll das Unternehmen abspecken und schlank und fit werden. Insbesondere geht dieses Konzept einher mit einer Reduktion der Mitarbeiterzahl und einer Verringerung von Hierarchieebenen. Der Personalabbau erstreckt sich auf ineffiziente Stellen, um das Humankapital optimal auszunutzen. Das Verschlankungskonzept erstreckt sich auch auf die Produktion (*lean production*), um alle Ressourcen optimal einzusetzen und zu nutzen und z.B. überflüssige Lager oder unnötige Zeitverluste abzubauen. Grundsätzlich werden Qualitätsverbesserung und Kundenorientierung betont.

- **Outplacement, Outsourcing, Outcontracting**

Mit *Outplacement* meint man, daß eine Verringerung der Beschäftigtenzahl sozialverträglich und sensibel erfolgt. Durch Übertragung von Unternehmensfunktionen (*outsourcing*) bzw. vertragliche Übertragung von Teilleistungen (*outcontracting*) an Externe können bestimmte Aufgaben effizienter gelöst werden. Problematisch kann dabei sein, daß ehemalige Mitarbeiter in eine Scheinselbständigkeit entlassen werden, wobei faktisch das Abhängigkeitsverhältnis beibehalten wird.

- **Qualitätsmanagement**

Beim Qualitätsmanagement-Konzept wird die Qualität aller betrieblichen Prozesse und Ergebnisse laufend geprüft, um Kostenvorteile und eine bessere Kundenzufriedenheit zu realisieren. Innerbetrieblich aufeinander folgende Stufen und Abläufe werden dabei als interne Kunden verstanden und entsprechend behandelt. Das Konzept des Total Quality Management (TMQ) erstreckt sich auf den Gesamtzusammenhang aller internen und externen Kunden.

- **Kaizen, Business Reengineering**

Das Qualitätsmanagement hat seine Wurzeln im japanischen *Kaizen*-Konzept: Ständiger Wandel erfordert laufende Verbesserungen, wobei jedoch im Gegensatz zum Qualitätsmanagement auch die grundlegenden Unternehmensstrukturen einer ständigen Überprüfung unterzogen werden. Im anglophonen Bereich hat sich daraus das Konzept des *Business Reengineering* entwickelt. Im Zusammenhang mit Globalisierung und Mobilität bedeutet dies, daß die gesamte Unternehmensstruktur ständig nach Systemfehlern und Verbesserungsmöglichkeiten durchsucht wird und daß die Wertschöpfungsketten laufend an die sich verändernden Kundenbedürfnisse angepaßt werden.

- **Prozeßmanagement**

Durch Prozeßmanagement werden die betrieblichen Abläufe analysiert und optimiert. Insbesondere werden Teilfunktionen nicht isoliert, sondern als integrale Bestandteile von Abläufen begriffen. Ohne Prozeßmanagement sind Verschlankungen und Qualitätsmanagement kaum möglich.

- **Benchmarking**

Qualitäts- und Prozeßmanagement werden oft mit Benchmarking verbunden. Dabei setzt man sich bestimmte quantitative Kennzahlen, an denen man sich als Leitbilder orientiert. Solche Eckwerte (*benchmarks*) erleichtern die Kontrolle von Zielsetzung und Zielerreichung. Meist vergleicht man sich dabei mit den besten und stärksten Konkurrenten, um von deren Erfolgen zu lernen.

- **Wachstumsbezogenes Management**

Während Lean Management ein vorgegebenes Ergebnis mit möglichst geringem Mitteleinsatz zu realisieren trachtet (Minimalprinzip; vgl. Kap. 1), stellt das Konzept des wachstumsbezogenen Managements auf das Maximalprinzip ab: Die vorhandenen Ressourcen, insbesondere das Humankapital, sollen primär nicht vermindert werden, sondern sie sollen für neue, zusätzliche Aufgaben und Chancen genutzt werden: *grow to be great*.

- **Szenario-Management, Change-Management, Krisenmanagement**

Da man Entwicklungen nur ungenau vorhersagen kann, werden durch Szenario-Management in der strategischen Planung alternative Entwicklungen und ihre Konsequenzen berücksichtigt, u.a. in *best-case-* und *worst-case*-Szenarien (beste bzw. schlechteste Möglichkeit). Durch solche multiplen Ansätze können komplexe Zusammenhänge mit alternativen Veränderungen und Einflüssen abgebildet, analysiert und strategisch abgefedert werden. Varianten sind *Change-Management*, durch welches alle Änderungsprozesse beherrschbar werden sollen, sowie Krisenmanagement, mit dem man sich strategisch auf Krisen vorbereitet und operativ in ad-hoc-Krisensituationen reagiert.

- **Risikomanagement**

Durch Risikomanagement (*risk management*) werden die unternehmensspezifischen Risiken insgesamt strategisch erfaßt und operativ berücksichtigt. Als Risikomanagement bezeichnet man allgemein das bewußte Umgehen mit Risiken, indem man beispielsweise versucht, Risiken zu vermindern oder sich gegen sie abzusichern. Zum Risikomanagement zählen die drei Bereiche

- **Risikoerkennung**,
- **Risikobewertung** und
- **Auswahl und Einsatz risikopolitischer Instrumente**.

Bei den risikopolitischen Instrumenten sind zum einen Maßnahmen zu unterscheiden, die sich auf die Ursachen beziehen (**ursachenbezogene Maßnahmen**), zum anderen erstrecken sich risikopolitische Maßnahmen auf die Konsequenzen, die eintreten, wenn sich das Risiko realisiert (**wirkungsbezogene Maßnahmen**).

Zum Risikomanagement siehe auch die Abschnitte 2.4 und 10.7.

2.3. Management- und Entscheidungsprozeß

Management ist ein Prozeß, der in klar unterscheidbaren Phasen verläuft. Diesem Prozeß vorgeschaltet ist - wie oben bereits angesprochen - die Identifikation von Zielen, denn rationales Handeln setzt voraus, daß man sich an Zielen orientiert. Die Zielsetzungen müssen logisch widerspruchsfrei sein. Unter der Annahme, daß eine konsistente **Zielvorgabe** vorliegt, werden üblicherweise vier Phasen unterschieden:

(1) Planung

In der Phase der Planung werden Alternativen gesammelt, die - jede für sich - geeignet sind, die gesetzten Ziele zu verfolgen. Hier handelt es sich also vorrangig um eine Sammlung von Informationen. Wie umfassend und vollständig dies erfolgt, hängt von der Bedeutung der zu treffenden Entscheidung ab. Wer aus seinem Kleiderschrank einen Pullover auswählen will, wird wohl nicht erst eine Schar von Modeberatern einschalten. Hinsichtlich der Planungshäufigkeit ist zwischen einmaligen, rollenden (überlappenden) und sukzessiven (anschließenden) Planungen zu unterscheiden.

(2) Bewertung und Entscheidung

Auf die Sammlung folgt logischerweise die Bewertung und Ordnung der Alternativen. Dabei gibt es die verschiedensten Methoden. Ganz grob wäre die Unterteilung „geeignet/nicht geeignet" (eine qualitative Skala), „gut/besser" würde eine Rangfolge ermöglichen (ordinale Skala), während eine quantitative Bewertung durch Punkte oder eine andere Methode auch den Abstand zwischen den Alternativen verdeutlichen würde (kardinale Skala), z.B. durch sog. *Scoring*-Verfahren. Wie auch immer: Die Bewertung muß in eine Entscheidung darüber münden, welche der zur Auswahl stehenden Alternativen die beste im Hinblick auf das verfolgte Ziel ist. Sofern es keine gibt, beginnt die Alternativensuche gegebenenfalls von vorn. In die Bewertung fließen sowohl die mit einer Alternative verknüpften Chancen als auch die entsprechenden Risiken ein. In vielen Fällen ist eine spezielle **Risikoanalyse**, in anderen sind Machbarkeitsstudien (*feasibility*-Studien) erforderlich. Das Umgehen mit Risiken wird als **Risikomanagement** bezeichnet.

(3) Durchführung der Entscheidung

Die ausgewählte Alternative, für die man sich entschieden hat, muß nun umgesetzt werden. Hierbei können sich Unter-Entscheidungsprozesse ergeben, wenn auch für die Realisierung mehrere Alternativen zur Verfügung stehen. In jedem Fall vollzieht sich die Durchführung der Entscheidung auf der operativen Managementebene, unabhängig davon, ob es sich vorangehend um eine strategische oder auch eine operative Entscheidung handelt.

(4) Kontrolle und Controlling

Planung und Entscheidung ohne Kontrolle (Steuerung) sind sinnlos. Jeder Entscheidungsprozeß schließt unbedingt eine Kontrollphase ein. In dieser Phase werden die geplanten Ergebnisse (Ziele) mit den tatsächlich realisierten verglichen: Soll-Ist-Vergleich. Bei Deckungsgleichheit ist man wohl zufrieden, bei Abweichungen muß ggf. eingegriffen werden.

Für diesen Problembereich hat sich mittlerweile der Begriff *Controlling* etabliert. Controlling ist nicht nur der Soll-Ist-Vergleich im Sinne der Kontrolle, sondern insbesondere das Aufzeigen von Veränderungs- und Verbesserungsmöglichkeiten. Ob und wie weit dies mit Entscheidungskompetenzen verbunden wird, ist ein organisatorisches Problem innerhalb des Managementprozesses.

Controlling ist in allen Managementbereichen partiell erforderlich (Produktion, Personal, Kostenrechnung etc.), es muß jedoch in einem auf das gesamte unternehmerische Geschehen bezogenen zentralen Controlling zusammengefaßt werden. Dieses ist die eigentliche Grundlage des unternehmerischen Management- und Entscheidungsprozesses. Wichtige Bereiche sind dabei auch rechtliche Risiken (Produkthaftpflicht, Arbeitsrecht, Umweltrecht) sowie entsprechende Absicherungsmöglichkeiten (Risikomanagement).

Auch in diesem Zusammenhang sind verschiedene **Konzepte** relevant, die unter dem Stichwort „*management by ...*" geführt werden. Vgl. dazu Abschn. 5.3.

Der Entscheidungsprozeß mit den so unterschiedenen vier Phasen beinhaltet **Rückkopplungen** (*feed-back*), indem es in jeder Phase möglich ist, zu vorangehenden Entscheidungsphasen zurückzukehren und diese oder auch weiter zurückliegende Phasen ganz oder teilweise zu wiederholen, beispielsweise um bei beobachteten Abweichungen gegenzusteuern.

Im Extrem kann der Entscheidungsprozeß ganz von vorn beginnen, und zwar mit der neuerlichen Suche von Alternativen oder gar der Revision der Zielvorgabe.

2.4. Risikomanagement

Üblicherweise werden Managemententscheidungen unter **Risiko** getroffen, d.h., man ist sich nicht sicher, ob ein bestimmtes Ereignis eintritt oder nicht. Bei **Sicherheit** hingegen ist die statistische (stochastische) Wahrscheinlichkeit des Eintritts des Ereignisses 1 (tritt sicher ein) oder 0 (tritt sicher nicht ein, ist unmöglich), bei Risiko ist die Wahrscheinlichkeit größer als 0, aber kleiner als 1. Kann man die Eintrittswahrscheinlichkeit nicht quantifizieren, spricht man von **Unsicherheit**.

Je nach der unternehmerischen Risikoneigung lassen sich verschiedene **Risikostrategien** verfolgen, nach denen man im Rahmen des Risikomanagements mit Risiken umgeht. Meist werden bestimmte Risikofelder spezifisch gemanaged, z.B. das Zinsrisiko, das Wechselkursrisiko, das Investitionsrisiko, etc. International tätige Unternehmen sind besonderen und anderen Risiken ausgesetzt als Unternehmen, die nur im eigenen Land operieren. Ein Risiko kann entweder *akzeptiert* werden, ohne daß man versucht, sich abzusichern, oder man *vermeidet* es gänzlich (wer nicht naß werden will, geht nicht nach draußen), oder man versucht, das Risiko zu *vermindern* bzw. sich gegen seine möglichen Konsequenzen zu schützen (**Risikoaversion**). Letzteres ist die gängige Risikostrategie von Unternehmen. Hinsichtlich der *Risikoverminderung*, *-abwälzung*, *-übertragung* etc. gibt es - je nach Risikofall - entsprechende Instrumente, so daß man eine Risikostrategie sinnvollerweise immer am konkreten Beispiel analysiert.

2.5. Management-Informations-Systeme

Oben wurde gesagt, daß Planung ohne Kontrolle sinnlos ist. Kontrolle ohne Information ist aber auch sinnlos, weil unmöglich: Kontrolle setzt Daten voraus, die einen Soll-Ist-Vergleich erlauben. Je präziser und vollständiger die Informationsbasis ist, desto fundierter können Entscheidung und Kontrolle sein. Daher ist es sinnvoll, unternehmerische Entscheidungen auf entsprechend konstruierte Management-Informations-Systeme (MIS) zu stützen. Hierfür steht eine breite Auswahl einfacherer oder komplizierter Systeme zur Auswahl, die in der Regel computergestützt arbeiten (z.B. SAP). Konstruktion und Handhabung von MIS werden unter formalen, technischen und inhaltlichen Aspekten in Lehrgebieten wie Wirtschaftsinformatik studiert, inhaltlich in den verschiedensten Teilbereichen (Investition, Finanzierung, Vertrieb etc.), sehr oft aber in Beziehung zum betrieblichen Rechnungswesen (vgl. Kap. 11).

Daher wird in den meisten betriebswirtschaftlichen Studiengängen verlangt, daß der Student profunde Kenntnisse in Mathematik, Statistik und im betrieblichen Rechnungswesen nachweisen kann, um allgemein mit Daten umgehen und Controllingfunktionen ausüben zu können. Kenntnisse der Finanzmathematik können auch allgemein im bürgerlichen Leben von Nutzen sein, u.a. bei Kredit- und Versicherungsgeschäften. Zum Datenmanagement gehören auch Entwicklung und Pflege von Datenverarbeitungssystemen, so daß die (Wirtschafts-)Informatik üblicherweise zum Pflichtprogramm in der BWL zählt. Meist werden diese Fachgebiete bereits zu einem frühen Zeitpunkt im Studium behandelt oder als Voraussetzung verlangt (sog. **Propädeutika**).

3. Konstitutive Unternehmensentscheidungen

In zunehmendem Maße gewinnen Lehrangebote an Bedeutung, die Hochschulabsolventen auf eine eigene unternehmerische Tätigkeit als **Selbständige** vorbereiten. Oft werden sie als **Gründerseminare** bezeichnet. In solchen Lehrangeboten werden in breiter Thematik all die Aspekte behandelt, die für eine **Unternehmensgründung**, d.h. für den Schritt in die Selbständigkeit, beachtet werden müssen. Viele Startversuche scheitern nämlich, weil sie nicht solide vorbereitet worden sind.

Neben dem Lehrangebot der Hochschulen sollten potentielle Neuunternehmer *unbedingt* auch sonstigen fachlichen Rat in Anspruch nehmen, u.a. der Industrie- und Handelskammern (IHK), von Kreditinstituten oder staatlicher Institutionen. Dabei sollte man aber immer bedenken: Der Erwerb eines Führerscheins ist nicht mit Fahrkompetenz zu verwechseln. Erfahrung kann nur in der Praxis gewonnen werden, auch wenn gelegentlich Newcomer erstaunliche Erfolge haben. Entscheidend ist aber nicht der vorübergehende, sondern der anhaltende Erfolg (sofern man sich nicht auch kurzfristig - gewinnmaximierend - 'sanieren' kann; aber das ist eher selten).

Grundsätzlich gelten die folgenden Aspekte sinngemäß für
- Neugründung,
- Verlagerung und
- Ausdehnung (Erweiterung)

eines Unternehmens.

3.1. Ziele und Tätigkeitsfelder

Die zentralen Grundsatzentscheidungen beziehen sich natürlich auf den **Unternehmenszweck**, zu dessen Verwirklichung das Unternehmen gegründet wurde und heute weiterbetrieben wird. Das unternehmerische **Zielsystem** wurde bereits in Kap. 2 angesprochen. Von ihm und aus ihm leiten sich alle unternehmerischen Entscheidungen ab. Mit dem Unternehmenszweck ist untrennbar auch die Entscheidung über die **Tätigkeitsfelder** verbunden, auf denen das Unternehmen arbeiten soll. Dies kann sowohl sachlich (Branche, Sektor) als auch geographisch verstanden werden (heimischer Markt, ausländische Märkte).

3.2. Rechtsformen des Unternehmens

Ein sehr wichtiger Punkt ist die Wahl der Rechtsform des Unternehmens. Allgemein unterscheidet man im privaten Bereich[2] Einzelunternehmen, Personengesellschaften und Kapitalgesellschaften. Teilweise ist erkennbar, daß andere Gesellschafter existieren, z.B. bei den „& Co."-Formen[3], bei Stillen Gesellschaftern wird dies nicht deutlich. Bei **Einzelunternehmen** und **Personengesellschaften** ist der Unternehmer (Kaufmann) bei all seinen Rechtsgeschäften gegenüber seinen Geschäftspartnern persönlich und unbeschränkt verantwortlich; meist haftet er auch mit seinem gesamten privaten Vermögen. Beispiele für Personengesellschaften sind die Offene Handelsgesellschaft (OHG), die Kommanditgesellschaft (KG), die Gesellschaft bürgerlichen Rechts (GbR oder BGB-Gesellschaft) sowie die Stille Gesellschaft. Bei letzterer beteiligt sich der 'stille' Gesellschafter durch eine Kapitaleinlage, ist aber nach außen hin nicht erkennbar.

Kapitalgesellschaften sind anonymisiert, d.h., die konkreten Personen treten in den Hintergrund, die Haftung gegenüber Geschäftspartnern wird durch das eingezahlte Kapital übernommen. Kapitalgesellschaften sind z.B. die Gesellschaft mit beschränkter Haftung (GmbH) und die Aktiengesellschaft (AG). Dabei sind bestimmte Mischformen möglich, vor allem aus steuerlichen Überlegungen, wie die KGaG (Kommanditgesellschaft auf Aktien) oder die GmbH & Co. KG, deren Bedeutung heute aber zurückgegangen ist. Auch Genossenschaften (Gen) und Versicherungsvereine auf Gegenseitigkeit (VVaG) sind Kapitalgesellschaften. Die formalen und finanziellen Gründungsanforderungen sind international unterschiedlich.

---

[2] Auf Rechtsformen öffentlicher Betriebe wird hier nicht eingegangen.

[3] & Co. bedeutet „und Compagnon", d.h. einen (oder mehrere) Mitgesellschafter.

Beispielsweise ist die AG in der Schweiz eine sehr verbreitete Rechtsform auch bei kleinen und mittleren Betrieben. Auch in Deutschland ist seit kurzem die Gründung einer „Kleinen AG" möglich.

Rund 90% aller Unternehmen in Deutschland sind Einzelunternehmen, und weitere 6% Personengesellschaften wie OHG oder KG, rund 2% sind GmbH's; Aktiengesellschaften machen deutlich weniger als 1% aus. Die Entscheidung für eine bestimmte Rechtsform hängt von einen Vielzahl von **Gesichtspunkten** ab, über die man sich bei einer Neugründung oder auch Umwandlung (beispielsweise Umwandlung einer GmbH in eine AG) ausführlich und solide beraten lassen sollte. Die folgende Aufzählung verdeutlicht, welche Punkte insbesondere zu überlegen sind:

- die Haftung für die Verbindlichkeiten (Schulden) des Unternehmens,
- die Gewinn- und Verlustverteilung,
- die steuerlichen Konsequenzen,
- Entscheidungs-, Leitungs- und Kontrollbefugnisse bezüglich der Unternehmensführung,
- die Finanzierungsmöglichkeiten (ein Einmann-Unternehmen ohne größere Sicherheiten dürfte erheblich größere Probleme bei der Kreditaufnahme haben als eine Aktiengesellschaft),
- gesetzlich vorgeschriebene Formvorschriften bei der Anmeldung und Registrierung (die auch mit unterschiedlichen Kosten verbunden sind),
- bei einigen Rechtsformen die gesetzlich vorgeschriebenen Publizitätspflichten (z.B. Veröffentlichung von Bilanz sowie Gewinn- und Verlustrechnung)

und anderes mehr.

3.3. Standortwahl

Der Standort des Unternehmens ist wichtig für die Beziehungen zu Lieferanten und Kunden. Bei der Auswahl sind wiederum viele Faktoren zu berücksichtigen, die sich von Gemeinde zu Gemeinde, Bundesland zu Bundesland, aber natürlich auch von Staat zu Staat unterscheiden:

- Nähe zum Markt, d.h. zu den Kunden (beispielsweise wird sich ein Schiffsausrüster eher in der Nähe von Werften als im Vorarlberg niederlassen),
- Kaufkraft des Marktes,
- Wettbewerbssituation am Standort (drei Optiker nebeneinander?),
- technische Aspekte wie verfügbare Infrastruktur (Straßen, Bahnanschluß, Telekommunikation),
- steuerliche Belastungen,
- Verfügbarkeit und Qualität von Arbeitskräften,

- Lohnkosten und Lohnnebenkosten (z.B. Arbeitgeberanteile zur Sozialversicherung),
- Miete und andere Kosten,
- zu beachtende Vorschriften und Auflagen (Umweltschutz!),
- bei ausländischen Standorten u.a. die politischen Risiken,

usw.

Ein gewählter Standort wird nicht ohne Not verändert, weil dies - meist - mit erheblichen Kosten verbunden ist. Die Verlagerung eines Beratungsbüros ist ziemlich einfach, aber wenn ein Unternehmen Maschinen und Anlagen installiert hat, sieht das schon anders aus. Bei Zulieferern für die Industrie wird der Standort (im weiteren Sinne) oft vorgegeben, weil sie in der Nähe ihres Kunden präsent sein müssen. Verändert der Kunde seinen Sitz (verlagert er beispielsweise Kapazitäten nach Südostasien), muß der Lieferant oft mitziehen.

3.4. Zusammenschlüsse: Kooperationen und Fusionen

- **Kooperation**

Im Zuge der Entwicklung eines Unternehmens ergeben sich immer wieder Überlegungen, ob man allein weiterarbeiten will oder sich mit anderen Unternehmen zusammenschließt. Auf einer niedrigen Intensitätsstufe bezeichnet man dies meist als Kooperation, d.h. daß rechtlich und wirtschaftlich selbständig bleibende Unternehmen sich bezüglich bestimmter Tätigkeiten zusammenschließen. Beispielsweise kann man gemeinsam Labore betreiben, Forschung und Entwicklung durchführen, den Vertrieb organisieren, Werbekampagnen finanzieren und vieles mehr. Eine Kooperation ist meist ein relativ loser Verbund einzelner Unternehmensfunktionen und oft zeitlich begrenzt, beispielsweise bei den ArGe, den **Arbeitsgemeinschaften**, die man u.a. auf Autobahnbaustellen beobachten kann. Sachlich sind auch alle unternehmerischen (Dach-)Verbände als Kooperationen anzusehen. Die Grenzen zwischen bloßer Kooperation und intensiveren Formen der Zusammenarbeit sind nicht immer eindeutig zu ziehen, denn die Zusammenarbeit kann sowohl recht lose organisiert sein als auch formal in umfangreichen Verträgen verankert und mit entsprechendem Kapitaleinsatz verbunden sein.

- **Kartelle**

Ein besonderer Problembereich sind Kooperationen, die als Kartell zu klassifizieren sind. Nach dem deutschen und europäischen Wettbewerbsrecht sind Absprachen, durch die der Wettbewerb eingeschränkt wird, nur unter sehr restriktiven Bedingungen zulässig. Ausnahmslos **verboten** sind **Preiskartelle**, weil hier die Anbieter zu Lasten des Konsumenten durch Ausschaltung des Wettbewerbs überhöhte Preise durchsetzen können (einzige Ausnahme sind Bücher und Zeitschriften). Bekannt sind derartige Absprachen (wenn sie denn mal auffliegen) insbesondere bei Aufträgen der öffentlichen Hand. Weil sie verboten sind, wird natürlich versucht, sie geheimzuhalten, und man schließt - meist - keine Verträge darüber, sondern trifft sich informell („Frühstückskartell"). Verstöße gegen das Kartellrecht sind in der Praxis nur schwer nachweisbar, und sie sind *nicht strafbar* (trotz teilweise sehr hoher Schäden), sondern lediglich **Ordnungswidrigkeiten**. Das Bundeskartellamt in Berlin kann daher nur **Geldbußen** verhängen, die zudem häufig im gerichtlichen Klageverfahren aufgeweicht werden und die von den Kartellbrüdern zum einen in die Preisabsprachen vorsorglich hineingerechnet werden und zum anderen oft aus der Portokasse bezahlt werden können. Es wird immer wieder für eine Verschärfung des Kartellrechts plädiert (Schädigung der Allgemeinheit), bislang aber ohne Erfolg.

Andere Kartelle sind hingegen zulässig, aber **genehmigungspflichtig**, d.h., die Kartellbehörden (von Bund oder Land oder auf EU-Ebene) können z.B. einem beantragten Rationalisierungskartell zustimmen oder es ablehnen. Wieder andere Kartelle sind lediglich **anmeldepflichtig**, damit man sie registrieren und in bezug auf Mißbrauch überwachen kann, beispielsweise bei Absprachen über technische Standards (Normenkartell).

- **Beteiligungen und Unternehmenserwerb**

Vor allem im internationalen Geschäft hat sich in zunehmendem Maße das **Joint Venture** als Kooperationsform entwickelt (wörtlich: gemeinsames Unternehmen, Wagnis oder Risiko). Dabei gründen zwei (oder mehr) Unternehmen ein neues Unternehmen (A und B gründen C), wobei meist unterschiedliche Partner zusammenarbeiten und sich oft gegenseitig ergänzen: Beispielsweise sucht ein deutscher Baumaschinenhersteller, der sich in China engagieren möchte, aber keine Erfahrungen mit dem chinesischen Markt hat, einen Partner, der seinerseits zuwenig Kapital oder Know-how hat, aber den lokalen Markt gut kennt und auch über die notwendigen Verbindungen verfügt. Beide Partner ergänzen sich also zum gegenseitigen Nutzen. In vielen Fällen sind Joint Ventures die einzige Möglichkeit, in einem ausländischen Markt Fuß zu fassen.

Auch die Forschung und Entwicklung zweier Unternehmen kann als *Joint Venture* organisiert sein (bspw. bei Renault und Volvo), oder der Vertrieb oder die Beschaffung oder oder. Man unterscheidet symmetrische *Joint Ventures* (Kapitalbeteiligung 50:50) und asymmetrische, wovon u.a. meist auch die Entscheidungskompetenzen abhängen. Es ist zu beobachten, daß internationale *Joint Ventures* sehr oft nach fünf bis acht Jahren aufgelöst werden, weil der eine Partner den anderen nicht mehr braucht und nicht selten den Partner aufkauft. Rein nationale *Joint Ventures* haben tendenziell eine längere Lebensdauer.

Bei **Beteiligungen** und **Unternehmenserwerb** (engl.: *mergers and acquisitions*, M&A) erwirbt ein Unternehmen A Anteile am Unternehmen B, wobei die Skala von Minderheitsbeteiligungen (z.B. 10%) bis zur vollständigen Übernahme (100%) von B reicht. Im Unterschied zur **Fusion** (hierzu gleich) bleiben beide Unternehmen A und B bestehen; die **Firmennamen** ändern sich nicht. Daß B nun A ganz oder teilweise gehört, kann man von außen nicht sehen. Daher ist es schwer, die oft sehr komplexen Geflechte von wechselseitigen Beteiligungen zu durchschauen. Ein wichtiger (und meist undurchsichtiger) Aspekt sind dabei die Macht- und Entscheidungsverhältnisse. Bei umfangreicheren Strukturen spricht man auch von **Gruppen-** oder **Konzernbildung**. Insbesondere Banken und Versicherungen engagieren sich gern in einer Vielzahl oft sehr unterschiedlicher, breit gestreuter Beteiligungen.

Bei einem **vertikalen Konzern** sind mehrere Stufen eines Wertschöpfungsprozesses unter einem Dach vereinigt, beispielsweise wenn ein Autohersteller auch Zulieferer für Elektronik oder Reifen aufkauft und vielleicht sogar noch einen Mietwagenservice. Zweck ist meist, zwischengelagerte Handelsstufen abzubauen und damit Kosten zu sparen. Bei einem **horizontalen Konzern** vollzieht sich die Beteiligung zwischen Anbietern derselben Produktionsstufe, indem beispielsweise die Fluggesellschaft A Anteile der Fluggesellschaft B kauft. Pauschal gesehen handelt es sich dabei um Aufkäufe von Konkurrenten, d.h., tendenziell verringert sich der Wettbewerb zwischen den Partnern. Als **diagonalen Konzern** ('Gemischtwarenkonzern', 'Bauchladen') bezeichnet man Beteiligungen in unterschiedlichen Branchen, wenn beispielsweise ein Chemieunternehmen sich im Lebensmittelbereich oder in der Tourismusbranche engagiert. Dabei ist der Zweck meist Risikostreuung - und immer natürlich: Gewinnerhöhung.

Im Sprachgebrauch werden Unternehmensbeteiligungen durchaus schon mal als Fusion bezeichnet, auch wenn es streng genommen gar keine ist. Der Begriff Fusion trifft eigentlich nur auf zwei Fälle zu: Unternehmen A kauft B (komplett), und B verschwindet als Firmenname vom Markt oder umgekehrt (Fusion durch **aufnehmende Verschmelzung**), oder aus A und B wird C, wobei A und B als selbständige Firmennamen verschwinden (Fusion durch **Neugründung**), oft aber aus Marketinggründen im neuen Namen enthalten sind (A+B = AB), wie bei der Daimler Chrysler AG. Zweck ist in der Regel die Schaffung einer stärkeren Marktposition gegenüber anderen Konkurrenten im zunehmend globaler werdenden Wettbewerb. Während man Beteiligungen durchaus kaufen und wieder verkaufen kann, stellt eine Fusion eine dauerhafte Verschmelzung dar.

Auch bei Beteiligungen und Fusionen jenseits bestimmter Größenordnungen ist - meist vorher - zu prüfen, ob das Vorhaben mit dem Wettbewerbsrecht in Einklang steht. In einigen Fällen wurden jedoch Fusionen, die das Bundeskartellamt als Aufsichtsbehörde abgelehnt hatte, durch den Bundeswirtschaftsminister trotzdem genehmigt (**Ministerfusion**; u.a. Daimler Benz und MBB).

3.5. Auflösung

Auch die Auflösung (**Liquidation**) eines Unternehmens ist eine konstitutive Entscheidung, bei der viele finanzielle, steuerliche, gesellschaftsrechtliche, arbeitsrechtliche und andere Aspekte beachten werden müssen. Die Auflösung kann gesetzlich vorgeschrieben sein (z.B. bei Konkurs), vertraglich vereinbart sein, freiwillig erfolgen oder erzwungen werden (z.B. im Wege des Vergleichs mit Gläubigern). Bei formeller Auflösung kann das Unternehmen substantiell erhalten bleiben, jedoch z.B. die Rechtsform wechseln oder mit einem anderen Unternehmen fusionieren. Materielle Auflösung bedeutet u.a. Verkauf aller liquidierbaren Werte, unter Umständen ohne formelle Auflösung, so daß ein „Firmenmantel“ erhalten bleibt. Dies ist insbesondere bei Gesellschaften mit beschränkter Haftung (GmbH) nicht selten, deren 'Mantel' verkauft werden kann, um die Gründungsformalitäten zu verkürzen. Die Liquidiation kann ganz oder teilweise erfolgen. Man spricht auch von schleichender Liquidation, wenn ein Unternehmen durch Substanzverlust (Entnahme von Vermögensteilen, Entwertung durch Inflation) ausgezehrt wird. Eine Auflösung durch Konkurs wird gerichtlich durch Einsetzung eines Konkursverwalters abgewickelt; das betroffene Unternehmen erhält im Firmennamen den Zusatz i.L. (in Liquidation).

4. Organisation

Die Organisation der Unternehmung regelt die vielfältigen Beziehungen zwischen den Mitarbeitern, genauer: zwischen den Organisationseinheiten, die z.B. als Gruppe, Sektion oder Abteilung bezeichnet werden. Diese Beziehungen definieren zum einen fachliche **Zuständigkeiten** und umfassen zum anderen **Verpflichtungen** und Rechte. Die effiziente Organisation dieser Beziehungen ist essentiell für den Erfolg des Unternehmens.

Im Zentrum der Organisationsgestaltung stehen zwei Aspekte: Entscheidungen fällen und Aufgaben erfüllen. In einer Rechtsanwaltskanzlei wird das gemeinsame Entscheiden in einer kleinen Gruppe andere Anforderungen stellen als in einem mittelständischen Unternehmen, das von einem einzelnen starken Individuum gegründet und emporgebracht wurde und als Familienunternehmen geleitet wird. In einem industriellen Großunternehmen wiederum dominieren die Interessen der Anteilseigner, die jedoch seltener in das Management eingreifen.

Ein Unternehmen mit vertikal tiefer Produktionsstruktur sieht anders aus als ein horizontal gegliedertes Unternehmen. Ein Unternehmen mit verstreuten Produktions-, Verkaufs- oder Vertriebsstandorten hat andere organisatorische Probleme zu bewältigen als ein physisch zentralisiertes. Auch Art, Größe und Natur der Märkte beeinflussen die Organisationsstruktur, insbesondere auch im Hinblick auf die Charakteristika nationaler und ausländischer Märkte. Und *last not least* wird die Organisationsstruktur von den sozialen und rechtlichen Rahmenbedingungen mitbeeinflußt, beispielsweise durch Arbeits- und Mitbestimmungsgesetzgebung.

4.1. Grundlagen

- **Aufgabenanalyse**

Grundlage jeder Organisation ist die Analyse der im Unternehmen zu leistenden Aufgaben (Aufgaben- und Arbeitsanalyse). Theoretisch gesehen muß der gesamte Produktionsprozeß, als dessen Ergebnis ein bestimmtes Produkt oder eine Leistung zu erstellen ist, in all seine einzelnen Komponenten aufgesplittet werden (Arbeitsprozeßanalyse), bei einer Klausur heißt das z.B.: strategischen Platz auswählen, Schummelzettel deponieren, Getränk hinstellen, Bleistift spitzen, Aufgabe lesen, Ruhe bewahren, Aufgabe noch mal lesen, Nachbarn fragen, Schummelzettel wiedersuchen etc. Diese Aufgabenanalyse identifiziert auch, welche Aktivitäten den Einsatz von Ressourcen erfordern und welche sich u.U. zusammenfassen lassen.

Organisation ist eine **Managementfunktion**, kein Selbstzweck. Sie definiert die zu erfüllenden Aufgaben in etwa so, wie es die Rollen von Schauspielern für das gesamte Stück tun. Für die Arbeitsanalyse gibt es eine Vielzahl von Methoden (graphisch u.a. Balkendiagramme oder Netzplantechnik), die insbesondere zwei

Merkmale berücksichtigen: die **sachliche Abgrenzung** der Teilaufgabe und die **Zeit**, die zu ihrer Erfüllung erforderlich ist. In einem späteren Schritt werden diese Vorarbeiten auch benötigt für eine **Bewertung** der einzelnen Komponenten, insbesondere im Hinblick auf die Entlohnung.

- **Stellenbeschreibungen**

Die Teilfunktionen bzw. Arbeitsschritte werden dann - soweit möglich - zu gleichartigen Funktionen zusammengefaßt (zweimal Klausuraufgabe lesen) und diese wiederum zu Arbeitsplätzen (Arbeitssynthese, Stellenbildung). Hierbei sind wiederum bestimmte Kriterien zu erfüllen, die sich u.a. aus technischen, ökonomischen oder arbeitsrechtlichen Aspekten ableiten. Auf dieser Grundlage lassen sich **Stellenbeschreibungen** (*job descriptions*) erstellen, in denen sich sowohl das Aufgabenspektrum der Stelle als auch das **Anforderungsprofil** des Stelleninhabers widerspiegelt. Eine Arbeitsplatzbeschreibung muß nicht notwendigerweise eine Arbeitskraft voll auslasten; eine Personen kann durchaus zwei oder mehrere so definierte Stellen übernehmen. In vielen Unternehmen werden beispielsweise die Funktionen von Frauen- oder Sicherheitsbeauftragten zusätzlich zu anderen Aufgaben ausgeübt.

Die Stellenbeschreibung definiert die **Aufgaben**, **Verantwortlichkeiten** und **Kompetenzen** sowohl für den Stelleninhaber als auch für seine(n) Vorgesetzten. Gleichzeitig ermöglicht sie es auch anderen Unternehmensmitarbeiter, die Aufgaben von Kollegen besser zu verstehen und einzuordnen. Wichtig ist eine klare und eindeutige Zuordnung, wobei Verantwortung auch entsprechende Entscheidungskompetenz voraussetzt. Höhere Vorgesetzte sollten immer verantwortlich sein für die Entscheidungen der von ihnen geführten Mitarbeiter.

Die Aufgabensynthese sollte ständig überprüft und im Bedarfsfall verändert werden. Beispielsweise kann man Aufgaben auf mehrere Personen verteilen (*job sharing*) oder Aufgaben hinzufügen (*job enlargement*; bei einer Zunahme der Verantwortung spricht man meist von *job enrichment*). Insbesondere sind Aufgabenüberlappungen ebenso zu vermeiden wie nicht eindeutig zugeordnete Aufgaben.

Grundsätzlich sollten Stellenbeschreibungen soweit unten wie möglich konzipiert werden, wobei der Stelleninhaber bei Ausarbeitung bzw. Anpassung beteiligt werden sollte. Eine formale Festschreibung sollte auch weiter oben abgesegnet werden. Nicht selten muß eine Arbeitsplatzbeschreibung vom Stelleninhaber unterschrieben werden, um späteren Diskussionen vorzubeugen („Dafür bin ich nicht zuständig!“).

Die so definierten Stellen (Teil- oder Voll-Arbeitsplätze) müssen nun miteinander verknüpft werden. Dies geschieht zum einen im Rahmen der **Aufbauorganisation**, welche die Arbeitsplätze beispielsweise zu Gruppen, Sektoren oder Abteilungen zusammenfaßt. Dabei können Aufgaben auch aus dem Unternehmen ausgelagert werden, indem man sie ganz nach außen vergibt (*out-sourcing*) oder nur partiell bzw. vorübergehend (*out-contracting*), d.h. sie sich von anderen Unternehmen erledigen (zuliefern) läßt. Zum anderen erfolgt die Verknüpfung sachlogisch in der **Ablauforganisation**.

4.2. Aufbauorganisation

In der Aufbauorganisation werden **Art** und **Anzahl** der erforderlichen Arbeitsplätze definiert. Dies konkretisiert sich u.a. in **Stellenbeschreibungen**. Grundsätzlich sollten zum einen gleichartige, zum anderen zusammengehörende Arbeitsvorgänge zu Organisationseinheiten zusammengefaßt werden. Getrennte Einheiten setzen logisch trennbare Funktionen voraus. Diese wiederum sollten aber einem gemeinsamen (Unter-)Ziel zuzuordnen sein.

Nach einer Faustregel geht man davon aus, daß ein Vorgesetzter nicht mehr als 8 bis 10 Mitarbeiter effizient führen kann. Bereits in der römischen Armee umfaßte eine Kohorte 10 Soldaten. Dieses Prinzip gilt bis heute. Auch die Anzahl der effizient zu führenden Untereinheiten ist begrenzt. Bei größeren Organisationen werden daher meist **Zwischenebenen** in die Aufbauorganisation eingezogen. Die Entscheidungs- und Kompetenzebenen sollten so gering wie möglich sein, d.h. die Organisationsstruktur sollte möglichst 'flach' sein. Vertikal tiefe Strukturen gehen meist Hand in Hand mit einem bürokratischen, wenig flexiblen Arbeitsablauf. Mit zunehmender Zahl von Organisationseinheiten nehmen die Beziehungen zwischen ihnen entsprechend zu. Dabei besteht ein latenter **Zielkonflikt** zwischen notwendiger Flexibilität und dem Anspruch effizienter, straffer Führung.

Einprägsames Abbild der Aufbauorganisation eines Unternehmens ist der **Organisationsplan**. Meist in Form einer pyramidenförmigen Spinne, verdeutlicht er die fachlichen Zuständigkeiten. Dabei gibt es verschiedene Konzepte.

- In einer **funktionalen Organisation** werden die Organisationseinheiten nach bestimmten *Aufgabenarten* zugeschnitten. Diese leiten sich - pauschal gesehen - aus dem unternehmerischen Produktionsprozeß ab: Dann gibt es Organisationseinheiten, die für den Einkauf zuständig sind, andere für Finanzierung, Lagerung, Fertigung, Marketing, Verkauf, Vertrieb etc. Je größer das Unternehmen ist, desto spezieller werden die Funktionen detailliert. Eine funktionale Organisation stößt an Grenzen, wenn das Unternehmen sehr unterschiedliche Produkte herstellt, zum Beispiel PKW und LKW. Dann bietet sich oft eine divisionale Organisation an.

- In einer **divisionalen Organisation** werden die Organisationseinheiten - vereinfacht gesagt - z.B. nach Produkten oder Produktsparten abgegrenzt: Die eine Einheit ist für PKW, die andere für Nutzfahrzeuge zuständig. Die dabei jeweils anfallenden Funktionen im obigen Sinn (Einkauf, Lagerung, Produktion etc.) werden dann jeweils pro Produktgruppe ausgeführt, d.h. daß es nebeneinander den Einkauf PKW und den Einkauf Nutzfahrzeuge gibt.

- Daher verbindet man oft beide Organisationskonzepte in einer Mischform und legt z.B. die technischen Kompetenzen produktbezogen fest, integriert aber die ökonomischen Kompetenzen (Finanzierung, Vertrieb) in der funktionalen Struktur. Eine formale Mischform wird als **Matrixorganisation** bezeichnet. Über die sich daraus logischerweise ergebenden Schnittstellen - z.B. Einkauf für PKW-Produktion - müssen sich die Zuständigen kooperativ einigen. Eine Matrixorganisation impliziert daher **Teams**, die gut miteinander auskommen. Da das nicht immer der Fall ist, gibt es auch hier Varianten, indem beispielsweise der kaufmännischen Ebene die Entscheidungskompetenz zukommt, aber erst, nachdem die technische Ebene gehört worden ist. Eine Matrixorganisation ist anspruchsvoll und trägt vielen Aspekten sachlich Rechnung, ist aber mit vielen praktischen Problemen verbunden und daher in der Praxis selten.

- Für vorübergehende Aufgaben werden **Projektorganisationen** geschaffen. Dies betrifft vor allem die sog. **Baustellenfertigung**. Als Projekt bezeichnet man eine zeitlich begrenzte Aufgabe, die sachlich durchaus sehr kompliziert sein kann, wie z.B. die Konstruktion eines Staudamms. Da es sich meist um eine produktmäßig begrenzte Aufgabe handelt, wird innerhalb des Projekts meist keine objektbezogene Organisation gewählt, sondern der funktionalen Organisation der Vorzug gegeben. Beispielsweise bereiten sich viele Unternehmen in einer Projektorganisation auf die erforderlichen Umstellungen bei der Einführung des Euro vor.

- In **Liniensystemen** sind die Zuständigkeiten und Verantwortlichkeiten, aber auch die Informationsflüsse vertikal organisiert. Grundprinzip ist, daß jeder Vorgesetzte für sich, aber auch für seine Untergebenen verantwortlich ist: Eigen- und Fremdverantwortung. Umgekehrt ist der Untergebene nach oben informations- und berichtspflichtig und kann - ohne entsprechende Delegation von Entscheidungsbefugnissen - nur mit Zustimmung bzw. auf Anweisung des Vorgesetzten agieren (Dienstweg). In der Praxis gibt es dafür - auch als Bestandteil der Ablauforganisation - zahlreiche Pauschal- und Routineregelungen, um den Arbeitsablauf nicht zu blockieren.

- Sofern die Unterstellungsverhältnisse so beschaffen sind, daß jeder Mitarbeiter jeweils nur einen Vorgesetzten hat und der Befehlsfluß von oben nach unten verläuft, spricht man von **Ein-Linien-Organisation.** Der Nachteil von Ein-Linien-Zuständigkeiten ist, daß sie meist langwierig und schwerfällig sind. Beispielsweise muß der Entscheidungsbefugte sich oft an anderer Stelle mühsam kundig machen (z.B. der Kaufmann beim Ingenieur), bevor er seine Entscheidung fällt. Oder er tut es ohne fachliche Absicherung, was auch problematisch ist.

- In **Mehr-Linien-Systemen** können verschiedene sachliche Ströme vertikal nebeneinander laufen, so daß der einzelne Mitarbeiter z.B. einen kaufmännischen und einen technischen Vorgesetzten hat (wie bei der Matrixorganisation). Die dabei möglichen Probleme liegen auf der Hand, wenn sich die beiden nicht einig sind (der eine entscheidet ja, der andere nein) oder z.B. beide gleichzeitig über die Zeit des Mitarbeiters verfügen wollen. Der Mitarbeiter gerät dabei leicht zwischen die Fronten.

- Eine Variante der Liniensysteme sind **Stab-Linien-Systeme**. Dabei werden bestimmte Aufgaben aus der Linie herausgenommen und Stabsstellen übertragen. Stabsstellen haben üblicherweise keine Weisungsbefugnis - und entsprechend keine Entscheidungsverantwortung - , sondern können meist nur beraten und Empfehlungen oder Stellungnahmen abgeben. Eine typische Stabsfunktion in Unternehmen ist die volkswirtschaftliche Analyse und Beratung, aktuell beispielsweise im Zusammenhang mit der europäischen Währungsintegration.

- Theoretisch sinnvoll, aber in der Praxis meist nicht einfach sind **Teamzuständigkeiten**. Diese können beispielsweise als Ausschuß organisiert sein, dessen Zustimmung für die weiteren Schritte erforderlich ist. Auf einer hohen Managementebene findet sich dieses Prinzip in den Vorstandsentscheidungen.

Es gibt noch zahlreiche weitere Varianten der Leitungsorganisation, in der Regel Mischformen zwischen den beschriebenen Grundtypen.

In Abhängigkeit davon, wie Entscheidungskompetenzen und Verantwortung verteilt sind, unterscheidet man **zentralisierte** und **dezentralisierte** Organisations- bzw. Führungsstrukturen. Insbesondere bei international tätigen Unternehmen mit geographisch weitem Aktionsradius ist dies ein wichtiger Managementaspekt.

Die Aufbauorganisation wird sich immer nach betriebsspezifischen Zweckmäßigkeiten bestimmen. Grundsätzlich sollte jede Aufgabe (Zuständigkeit, Funktion) aber auf der möglichst niedrigsten Hierarchieebene angesiedelt werden, um übergeordnete Organisationseinheiten freizuhalten von operativen Aufgaben, die man besser delegieren kann. Dieses Prinzip bezeichnet man als **Subsidiaritätsprinzip**.

4.3. Ablauforganisation

In der Ablauforganisation werden die Aktivitäten der einzelnen Arbeitsplätze im Hinblick auf bestimmte Aufgaben miteinander verbunden. Die Aufbauorganisation definiert die grundsätzliche Struktur der Kompetenzen und Verantwortlichkeiten, die Ablauforganisation legt die Reihenfolge der einzelnen Arbeitsschritte fest. Dies setzt eine entsprechende Analyse der logischen bzw. erforderlichen Abfolge voraus. Beispielsweise kann man einen Tisch erst lackieren, nachdem das Holz gehobelt wurde. Eine ausführliche **Arbeitsanalyse** deckt häufig überflüssige Arbeitsschritte auf und dient damit der Rationalisierung. Die Ablauforganisation identifiziert auch den sinnvollen **Informationsfluß** und bestimmt damit wesentliche Teile der **Kommunikationsstruktur**. Dies gilt auch für die **Kompetenzstruktur**, weil diese mit der Aufgabenstruktur kongruent sein muß.

Das Skelett der Ablauforganisation wird in der Praxis meist ergänzt durch Arbeitsanweisungen und Regelungen (genereller Natur für wiederkehrende, standardisierbare Vorgänge und spezieller Natur für notwendige Ad-hoc-Regelungen). Allgemein beobachtet man innerhalb einer sich entwickelnden Organisationen eine Tendenz zu immer mehr und immer genaueren Regelungen, bis gelegentlich auch ein Zustand der Überreglementierung erreicht wird. Dann wird es Zeit für eine Entrümpelung. Die Ablauforganisation kann als Grundlage der Arbeitseinsatzplanung bzw. Dienst- oder Schichtenplanung verwendet werden.

4.4. Führungsstruktur

Grundsätzlich stehen zwei Alternativen für die Organisationsstruktur zur Auswahl: zentralisierte und dezentralisierte Strukturen.

Für eine **Zentralisierung** spricht, daß das Risiko inkonsistenter Entscheidungen, die dem konkreten Managementproblem nur unzureichend gerecht werden, geringer ist, denn das unternehmerische Geschehen kann meist besser übersehen und kontrolliert werden. Die Verwaltung ist einfacher; es gibt keine Rivalitäten zwischen gleichrangigen unabhängigen Einheiten; strategische Führungsentscheidungen mit Einfluß auf alle Unternehmensbereiche können besser umgesetzt werden. Auch bei Aktivitäten mit Mengeneffekten (*economies of scale*, wie z.B. bei Einkaufsrabatten, Konditionen) bietet sich eine Zentralisierung an, ebenso wie das *Handling* von Risiken wie Währungs- und Zahlungsrisiken. *Dagegen* spricht, daß eine zentralisierte Führung oft weitab vom Schuß sein kann, so daß erforderliche operative Entscheidungen verzögert werden oder falsch getroffen werden oder ihre Rationalität intransparent ist. Dies kann die Durchführung und Umsetzung negativ beeinträchtigen. Insbesondere länderspezifische Aspekte - Prioritäten, Rechtsfragen, Mentalitätsfragen - können von der Zentrale aus nicht immer effizient berücksichtigt werden.

Dezentralisierte Führungsstrukturen sind problemnäher. Sie gehen auch meist mit größerer Motivation der Mitarbeiter vor Ort einher, erfordern aber einen entsprechenden Informations-, Koordinations- und Abstimmungsaufwand. Wenn in eine Unternehmensstruktur dezentrale Elemente eingebaut werden, sind zwei Aspekte wichtig:

- Es müssen klare **Zuständigkeiten** und **Verantwortlichkeiten** definiert werden.
- Wegen des erhöhten Koordinierungsbedarfs muß ein effizientes **Management-Informationssystem** (MIS) entwickelt werden, denn es müssen komplexere Analyse-, Planungs-, Entscheidungs- und Kontrollprobleme gelöst werden. Ein MIS ist ein Controlling-Instrument, welches parallel zum traditionellen Berichts- und Rechnungswesen entwickelt werden muß. Meist wird hier nach den Prinzipien *Management by Objectives* (MbO) und *Management by Exceptions* (MbE) vorgegangen. Dies bedeutet, daß bestimmte Ziele vorgegeben werden (*objectives*), wobei es den dezentralisierten Einheiten überlassen bleibt, wie diese Ziele erreicht werden. Nur bei Abweichungen (*exceptions*[4]) von den vorgegebenen Zielen greift die Zentrale ggf. steuernd ein.

Zur Entwicklung transnationaler Führungsstrukturen vgl. Abschn. 10.5.

---

[4] Wörtlich: Ausnahmen; hier muß man sprachlich etwas großzügig sein.

4.5. Formelle und informelle Organisationsstruktur

Die formelle Organisationsstruktur ist regelmäßig schriftlich fixiert und wird unternehmensintern bekanntgemacht, die Aufbauorganisation oft auch extern. Die formalen Strukturen werden überlagert von einem informellen Beziehungsgeflecht, das nicht selten zumindest ebenso wichtig ist wie das formale. Damit sind personenabhängige Quer- und Längsverbindungen gemeint, d.h. Sympathien, Antipathien und Animositäten, die sich unabhängig von Hierarchiestufen und formalen Zuständigkeiten ergeben. Wichtige Informationen laufen so verdeckt hinter den formalen Kanälen. Wer als Entscheidungsträger in diese informellen Beziehungen nicht eingebunden ist, wird häufig von wichtigen Informationen ausgeschlossen, die nicht explizit in das unternehmensinterne Informationssystem integriert sind. Vor allem *Newcomer* tun sich meist schwer, diese informellen Systeme zu erkennen und von ihnen akzeptiert zu werden. Auf der anderen Seite wird das informelle System oft auch gezielt genutzt, um Informationen zu verbreiten, die keine offiziellen Wege gehen sollen. Als anekdotisches Beispiel gilt, daß man ein Schriftstück am besten neben dem Kopiergerät liegenlassen soll, wenn man erreichen möchte, daß es jeder kennt.

Eine Organisationsstruktur entwickelt sich meist im Zeitablauf. Nur in bestimmten Zusammenhängen wird sie am grünen Tisch konzipiert, beispielsweise wenn zwei Unternehmen ein Joint Venture gründen oder fusionieren. Änderungen werden dann notwendig, wenn sich durch Wachstum oder externe Veränderungen Anpassungsbedarf ergeben hat, insbesondere ausgelöst durch Verbreiterung der Produktpalette und der Aktivitäten oder durch Aufkauf von Unternehmen, aber ebenso in Krisensituationen.

5. Personalmanagement

Das Personalmanagement ist einer der Bereiche, der als betriebliche **Querschnittsfunktion** anzusehen ist. Aufgabe ist es, das Unternehmen mit einem quantitativ und qualitativ optimalen Bestand an Mitarbeitern auszustatten.

5.1. Personalplanung, Personalbeschaffung und Personalauswahl

Die Personalplanung orientiert sich am Personalbedarf. Die Bedarfsplanung steht in engem Zusammenhang mit der Organisation des Unternehmens, d.h. mit der **Stellenstruktur** (vgl. Kap. 4) sowohl hinsichtlich **Anzahl** als auch **Qualifikation** der Mitarbeiter. Die Organisationsplanung orientiert sich an den Zielen des Unternehmens. Die Personalplanung wiederum ist die Basis für die **Personalbeschaffung**.

Aufgabe der Personalbeschaffung ist es, für vakante Stellen die richtigen Kandidaten zu finden. Die Personalbeschaffung kann intern und extern erfolgen: **Intern** heißt, bei der Besetzung offener Positionen auf Mitarbeiter des eigenen Unternehmens zurückzugreifen. Durch das Arbeitsrecht wird teilweise vorgeschrieben, offene Positionen im eigenen Hause auszuschreiben, um Mitarbeitern die Gelegenheit zu geben, sich auf interessante Positionen zu bewerben. **Externe** Personalbeschaffung erfolgt durch Neueinstellungen. Dabei unterscheiden sich die Strategien:

- Manche Unternehmen legen mehr Wert auf Mitarbeiter, die sofort einsetzbar sind, weil sie bereits an anderer Stelle Erfahrungen gesammelt haben,
- andere bevorzugen die interne Ausbildung und Entwicklung ihrer Mitarbeiter. In Unternehmen des letzteren Typs haben also Hochschulabsolventen eher eine Chance als in den anderen.
- Einige Unternehmen stellen ihre Mitarbeiter zentral für alle Filialen und mit teilweise ausgeklügelten Tests ein,
- andere überlassen die Personalentscheidung den Führungskräften vor Ort.

Aufgabe der **Bewerberauswahl** *(recruitment)* ist es, Bewerber zu identifizieren, deren **Qualifikationsprofil** in größtmöglichem Ausmaß mit dem **Anforderungsprofil** der zu besetzenden Stelle übereinstimmt. Eine falsche Personalauswahl - vor allem in Führungspositionen - kann Schlimmeres anrichten als eine Fehlinvestition, die man als einmaligen Aufwand abschreibt. Decken sich die Profile nicht, stellt sich die Frage, welche Abweichungen tolerierbar sind. Gewisse Defizite können durchaus kompensiert werden durch Schulungen, Fortbildungen oder schlicht durch Erfahrung (vgl. 5.4: Personalentwicklung). Aber auch eine **Überqualifizierung** sollte nur in Maßen akzeptiert werden, weil sich daraus leicht negative Rückwirkungen auf die Motivation des Stelleninhabers bzw. auf sein Beharrungsvermögen ergeben können: Unterforderte Mitarbeiter neigen dazu, die Stelle zu wechseln, nicht zuletzt im Hinblick auf ein höheres Gehalt.

Das Anforderungsprofil ergibt sich aus der **Stellenbeschreibung**, wird aber in der Praxis ergänzt durch Hinweise, Wünsche und Erwartungen von Vorgesetzten und Kollegen. Dabei ist zwischen der Oberflächen- und der Tiefenstruktur zu unterscheiden: Die **Oberflächenstruktur** ist von außen erkennbar, u.a. aufgrund der Zeugnisse, Tätigkeitsnachweise und ähnlicher Unterlagen und Erkenntnisse. Bei der **Tiefenstruktur** muß man schon genauer hinsehen. Sie bezieht sich mehr auf die Persönlichkeit des Kandidaten, u.a. im Hinblick auf Kommunikationsfähigkeit, Teamfähigkeit und Konfliktlösungsfähigkeit. **Schlüsselqualifikationen** sorgen dafür, daß Mitarbeiter eigenständig, schnell, flexibel und innovativ mit neuen Situationen umgehen und sich an neue Anforderungen anpassen können, denn das im Studium erworbene Wissen veraltet meist schneller, als man denkt. Zu den **Handlungskompetenzen** gehört, daß man andere Mitarbeiter erfolgreich führen und motivieren kann. Als Detail zählt heute auch das eigenständige (und selbstverständliche) Umgehen mit modernen Kommunikations- und Informationsmedien dazu. In zunehmendem Maße werden **Sprachkenntnisse** und **interkulturelle Kompetenz** (z.B. Auslandserfahrung) als Standardqualifikation angesehen, ebenso Präsentation und Rhetorik. Die Bedeutung dieser außerfachlichen, personenbezogenen Qualifikationen sollte allgemein als sehr groß angesehen werden.

Bei der konkreten **Bewerberanalyse** und **-auswahl** werden verschiedene Methoden und Techniken angewendet, wobei meist Personalfachleute mit den zukünftigen Vorgesetzten zusammenarbeiten. Manchmal werden auch Kollegen hinzugezogen. In vielen Fällen arbeitet man mit **Assessment-Centers.** So bezeichnet man ein- bis dreitägige Seminare, in denen mehrere Teilnehmer durch mehrere Beobachter und meist unter Einsatz verschiedener Bewertungsmethoden beurteilt werden. Assessment-Centers werden nicht nur zur Rekrutierung neuer Mitarbeiter eingesetzt, sondern auch zur Entscheidungsfindung für Beförderungen oder Versetzungen. Beliebte **Techniken** sind Gruppendiskussionen, Fallstudien, Präsentationen, Rollenspiele und andere simulierte Praxissituationen, um herauszufinden, ob die Teilnehmer z.B. kreativ sind, flexibel oder belastbar, ob sie selbständig arbeiten, sich in eine Gruppe einpassen oder andere motivieren und führen können, etc. Allgemein kommt aber der Menschenkenntnis eine oft ausschlaggebende Bedeutung zu.

Zum Personalmanagement gehören auch die Vorbereitung und Abwicklung von **Entlassungen**: Aus strategischen und daraus resultierenden organisatorischen Entscheidungen kann sich die Notwendigkeit des Stellenabbaus ergeben. Unter der Prämisse, daß dies sozialverträglich und sensibel erfolgt, hat man hierfür die beschwichtigenden Vokabeln Freisetzung und „*outplacement*“ erfunden, was die konkret Betroffenen allerdings wenig trösten dürfte.

5.2. Personalführung

Eine bekannte Weisheit ist, daß das Kapital des Unternehmens das Unternehmen jeden Abend durch den Haupteingang verläßt: Gemeint ist das **Humankapital**. Sach- und Geldkapital lassen sich meist beliebig beschaffen. Eine sensitive Unternehmensleitung wird jedoch qualifizierte und motivierte Mitarbeiter als ein sehr wichtiges Gut ansehen, das nicht beliebig austauschbar und ersetzbar ist, eine Erkenntnis, die im Personalmanagement so manchen Unternehmens deutlicher verankert sein könnte. Eine solide Analyse von Gründen für Fehlzeiten und Kündigungen (Fluktuation) kann daher wertvolle Hinweise auf Verbesserungsmöglichkeiten geben. Ein erfahrener Mitarbeiter, der das Unternehmen verläßt, nimmt auch wertvolles *human capital* mit, das meist nur mit entsprechend hohem Aufwand neu gebildet werden kann - wenn überhaupt.

Das Arbeits- und Tarifrecht gibt die allgemeinen Rahmenbedingungen der Personalführung vor, die jedoch unternehmensspezifisch anzuwenden sind. Hierzu zählen die Vergütungssysteme und Entlohnungsstrukturen einschließlich der Beförderungspolitik (die sich wiederum auf die Personalbewertung stützt) sowie die unternehmensinterne Kommunikation. Engagement und Motivation werden auch durch die Ausgestaltung von Vorschlags- und Beschwerdewesen beeinflußt. Insgesamt ist das **Betriebsklima** ein nicht zu unterschätzender Faktor, der von vielschichtigen physischen (Arbeitsplatz), materiellen (Gehalt), organisatorischen (Kompetenzen), psychologischen und soziologischen (Sinn der Aufgaben) und persönlichen Faktoren (Sympathie) abhängt. Auch hier unterscheidet man harte und weiche Faktoren

Ein wichtiger Aspekt des Personalmanagements auf der operativen Ebene sind die **Führungsstile**. Sie können zwar durch ein allgemeines unternehmensspezifisches Klima oder spezifische Leitlinien geprägt sein, hängen aber in erster Linie von den einzelnen Vorgesetzten ab. Pauschal unterscheidet man - als Gegensätze - kooperative oder autoritäre Führungsstile. **Kooperative** Führung kann u.a. durch Teamarbeit und Selbstmanagement der Mitarbeiter praktiziert werden. Eine Variante des **autoritären** Stils ist der **patriarchalische** Führungsstil, der nicht nur in Familienbetrieben, sondern auch in großen Unternehmen anzutreffen ist. In der Praxis erweist sich ein zu laxer Führungsstil im Sinne von Nicht-Führen oft als wenig hilfreich, weil die mögliche Motivation aufgrund der vermeintlichen Freiheit oft weniger positiv zu Buche schlägt, als erhofft.

Hinsichtlich der **Führungsmethoden** gibt es eine Vielzahl von *Management-by...*-Konzepten. Die wichtigsten sind die folgenden:

- Unter **Management by Objectives** (MbO) versteht man, daß den nachgeordneten Ebenen bzw. Instanzen (den untergebenen Mitarbeitern) bestimmte Ziele vorgegeben werden, die zu erreichen sind, beispielsweise Senkung der Stückkosten um 5% innerhalb von 6 Monaten. *Wie* dies geschieht, d.h. welche Maßnahmen sie ergreifen, bleibt ihnen (mehr oder weniger) überlassen. Voraussetzung ist u.a., daß die verschiedenen Teil- oder Abteilungsziele miteinander in einer sinnvollen Zielstruktur verknüpft sind. Dieses Managementkonzept erfordert daher entsprechende konzeptionelle Vorarbeiten.
- Damit hängt meist **Management by Exceptions** zusammen. Dabei greift die Unternehmensleitung (bzw. die zuständige Organisationseinheit) nur dann ein, wenn signifikante Abweichungen vom vorgegebenen Ergebnis eintreten. Dies entlastet die Führungsebene insbesondere von Routineentscheidungen und bedeutet gleichzeitig eine Delegation von Kompetenzen und Verantwortung.
- Sofern dies in einem konzeptionell stärker strukturierten Ausmaß erfolgt, kann man auch von **Management by Delegation** sprechen. Dabei werden festumrissene Aufgaben- und Zuständigkeitsbereiche definiert und sowohl Entscheidungskompetenzen als auch Verantwortung delegiert.
- Es gibt noch eine Reihe anderer Management-by-...-Konzepte, so daß eine anekdotische Ausweitung (seitens hämischer Beobachter) auf *Management-by-Chaos* oder *Management-by-Zufall* nicht verwundert. Aber es gibt auch noch seriöse Varianten, die hier nicht vertieft werden können. Diese Managementprinzipien würde man in Lehrfächern wie „Unternehmensführung" oder „Managementtechniken" analysieren - günstigerweise anhand praktischer Beispiele.

Ein wesentliches Ziel des Personalmanagements im weiteren Sinne muß sein, die Mitarbeiter zu motivieren. Je mehr ein Mitarbeiter sich mit seiner Aufgabe im besonderen und mit seinem Unternehmen im allgemeinen identifiziert, desto besser. Daher ist es wichtig, daß die interne **Kommunikation** funktioniert, so daß der Mitarbeiter zum einen über das unternehmerische Geschehen informiert ist und u.a. auch weiß, welche **Ziele** die Unternehmensleitung verfolgt, zum anderen muß er sich auch in die Kommunikationsstrukturen aktiv eingebunden fühlen. Dies bedeutet u.a., daß Vorgesetzte ihm (konstruktiv) zuhören. Aus der Bedürfnisforschung weiß man, daß jeder das Bedürfnis nach Anerkennung hat, und Anerkennung ist eine sehr geeignete Motivationsmethode. Wenn es gelingt, daß sich die Mitarbeiter mit dem Unternehmen auch emotional verbunden fühlen und es als *ihr* Unternehmen ansehen, ist das **interne Marketing** sehr erfolgreich gewesen und hat eine **Corporate Identity** geschaffen.

Die **Personalbewertung** ist ein sensibler Bereich des Personalmanagements, von dem Entscheidungen über Gehaltserhöhungen, Beförderungen und Versetzungen abhängen. Vom Ergebnis her ist es wichtig, daß der Beurteilte die Beurteilung akzeptieren kann. Dies ist durchaus auch bei kritischen Wertungen möglich, wenn diese transparent, objektiv und fair erfolgen.

Zum Personalmanagement gehört auch die **Personalverwaltung**, das heißt u.a. die Gehaltsabrechnung und Lohnbuchhaltung, die Führung der Personalakten und der Urlaubsdateien, die Erfassung von durchgeführten Maßnahmen der Personalentwicklung (insbesondere Schulungen und Fortbildungen) und auch die Ausstellung von Arbeitszeugnissen.

5.3. Personalentwicklung (Training)

Beim Vergleich von **Anforderungsprofil** und **Qualifikationsprofil** ergeben sich nicht selten Abweichungen. Gewisse Defizite werden bei der Bewerberauswahl durchaus in Kauf genommen, wenn sie vorhersehbar durch entsprechende Maßnahmen kompensiert werden können. Bei Hochschulabsolventen besteht dieses Defizit standardmäßig in wenig Erfahrung und fehlenden unternehmensspezifischen Kenntnissen (woher auch?). Daher führen viele (meist größere) Unternehmen Traineeprogramme durch, um ihren Nachwuchs unternehmensspezifisch zu 'drillen'. Allgemein bezeichnet man die gezielte Aus- und Fortbildung von Mitarbeitern als **Personalentwicklung** und, sofern es sich um Manager handelt, als *Management Development*. Die Personalentwicklung wird sich sehr eng an der **Personalbedarfsplanung** orientieren.

Die Personalentwicklung kann inner- oder außerbetrieblich erfolgen. Innerbetrieblich ist als wichtige Komponente die Aus- und Weiterbildung am Arbeitsplatz (*training on-the-job*) anzusehen, weil dies sehr praxisnah geschehen kann, im Gegensatz zum außerbetrieblichen *training off-the-job*, das jedoch andere wichtige Bereiche der Personalentwicklung abdeckt, insbesondere hinsichtlich der Aktualisierung von Fachkenntnissen. Gerne geübt wird auch *job rotation* (Arbeitsplatz-Ringtausch), um einem größeren Personenkreis gemeinsame Erfahrungen in verschiedenen Aufgabenbereichen zu verschaffen. Zur Vorbereitung auf neue Aufgaben werden Mitarbeiter auch gerne als Assistent oder Stellvertreter des jetzigen Stelleninhabers eingesetzt.

Das Personalmanagement umfaßt als eine wichtige Komponente ein **Personalcontrolling**. Im Gegensatz zu vielen anderen mehr quantitativ orientierten Controllingbereichen (Material, Produktion, Finanzierung etc.) ist das Personalcontrolling vorrangig qualitativ ausgerichtet und vergleicht laufend, ob Anforderungs-

und Qualifikationsprofile noch übereinstimmen, um ggf. Qualifizierungsmaßnahmen durchzuführen. Natürlich gibt es auch eine wichtige quantitative Komponente in Form des Controlling der Lohnkosten.

5.4. Internationale Aspekte

Die Stellenangebote in den Zeitungen machen deutlich, daß die Wirtschaft verstärkt qualifizierte, motivierte Mitarbeiter mit Auslandserfahrung sucht. Dabei wird **interkulturelle Kompetenz** verlangt. Viele Unternehmen stellen für ihre Mitarbeiter, die im Ausland oder mit dem Ausland arbeiten, **spezielle Anforderungsprofile** auf. Neben der grundsätzlich erforderlichen und unabdingbaren fachlichen Eignung werden für Auslandseinsätze andere Kriterien zunehmend wichtiger. Da die bei einem Auslandsaufenthalt auftretenden Schwierigkeiten nur bedingt durch das heimische Stammhaus abgefangen werden können, muß auf die persönliche Qualifikation des Auslandsmitarbeiters besonderer Wert gelegt werden. Neben der Frustration für den jeweiligen Mitarbeiter stellt ein Fehlschlagen des Auslandseinsatzes für das Unternehmen eine kostenträchtige Fehlinvestition dar, deren negative Konsequenzen oft nicht zu reparieren sind: Wenn ein Mitarbeiter bei den ausländischen Partnern 'Porzellan zerschlagen' hat, läßt sich dies oft nicht mehr rückgängig machen.

Eine wichtige Voraussetzung ist die **Mobilität** des Mitarbeiters. Hier liegt das Problem oft nicht nur bei ihm selbst, sondern insbesondere auch bei seiner Familie, denn schließlich handelt es sich nicht nur um eine zeitlich begrenzte Geschäftsreise: Der Mitarbeiter soll meist auf längere Sicht (oft 3-6 Jahre) in diesem Land mit seiner Familie *leben*.

Aus diesem Grund sollte das Unternehmen vor der Entsendung auch die **Familie** des Mitarbeiters in Vorbereitungsmaßnahmen für das Entsendungsland mit einbeziehen. Junggesellen sind billiger, aber: Ehepartner können ein soziales Netz darstellen, sind ein Stabilisierungsfaktor. Oft wird ein Ehepartner auch zum Repräsentieren bei gesellschaftlichen Anlässen mit eingeplant.

Gute **Sprachkenntnisse** sind für die Kommunikationsfähigkeit unerläßlich, weil sonst Kommunikationslöcher entstehen können, von Integrationsproblemen in eine neue Gruppe ganz zu schweigen. Dies kann auch zu Autoritätsverlust führen. Wenn ein Vorgesetzter nicht ernst genommen wird, dann kann er seine Mitarbeiter auch nicht motivieren. Deshalb ist die Beherrschung der Landessprache - oder zumindest einer gängigen anderen Sprache wie Englisch, Französisch oder Spanisch -

oft Mindestvoraussetzung, und dies gilt ebenso, wenn auch abgeschwächt, für die übrigen Familienmitglieder.

Flexibilität und **Toleranz** sind gerade in einem neuen, für den Mitarbeiter fremden Umfeld wichtig, um sich zurechtzufinden und von anderen akzeptiert zu werden. Man sollte flexibel genug sein, um sich ungewohnten Verhaltensweisen anzupassen, und nie versuchen, seine eigenen, vor allem nicht seine politischen Ansichten den Kollegen aufzudrängen, auch wenn die eigenen Kulturwerte gerade in unbekanntem Terrain als sehr wichtig empfunden werden können. Manche Art der Kritik oder ein Verstoß gegen einheimische Sitten kann schnell zu einer Isolation des Neulings führen; sein Integrationsprozeß wird erschwert, wenn nicht gar unmöglich.

Damit der Mitarbeiter seine Aufgaben im Ausland optimal erfüllt und seinen Aufenthalt nicht vorzeitig abbricht, müssen von Unternehmensseite **Anreize** geschaffen werden. Die Aussichten auf unternehmensinterne **berufliche Vorteile** (Jobsicherung, Aufstiegschancen) können die Probleme des neuen Umfeldes und das, was die Familie in Deutschland aufgegeben hat, kompensieren. Für viele verbessern sich durch die fachlichen und persönlichen Erfahrungen auch die Chancen auf dem Arbeitsmarkt. Finanziell geht es nicht nur - aber auch - um Geld (meist höheres Gehalt, Inflationsausgleich, Mietzuschuß, Übernahme von Mietkosten, falls eine Wohnung in Deutschland beibehalten wird, Schulgeld, Heimaturlaub-Zulage (incl. Reisekosten) und andere Nebenleistungen wie Sprachkurse für den Mitarbeiter und seine Familie, etc.).

Natürlich differieren diese Zulagen in Art und Höhe von Unternehmen zu Unternehmen. Insgesamt ist festzuhalten, daß mit einem Auslandseinsatz meist recht erhebliche finanzielle Anreize verbunden sind. Wer aber einen Auslandsjob nur des Geldes wegen anstrebt, dürfte von ziemlich falschen Voraussetzungen ausgehen. Die Besteuerung von Auslandsbezügen ist davon abhängig, ob ein **Doppelbesteuerungsabkommen** mit dem betreffenden Land existiert. Es ist in jedem Fall ratsam, sich vorher gründlich zu informieren.

Eine gewissenhafte **Vorbereitung** auf einen Auslandseinsatz ist sehr wichtig. Günstig sind Kurzzeiteinsätze vor einem Langzeiteinsatz, wenn nicht im Zielland, so doch in der Region, was jedoch nicht immer zu realisieren ist. Dies kann durch Gespräche mit Mitarbeitern, die vorher im Ausland waren, und die Ausnützung anderer Informationsquellen ergänzt werden.

6. Produktionsmanagement (Fertigungswirtschaft)

6.1. Begriff

Aufgabe des Produktionsmanagements (der Fertigungswirtschaft) ist es, die unternehmerische Leistungserstellung, d.h. die Fertigung von Waren ebenso wie die Bereitstellung von Dienstleistungen, durch den Einsatz der Produktionsfaktoren zu planen und einen optimalen Produktionsprozeß zu konzipieren. Das Produktionsmanagement umfaßt daher insbesondere zwei sachliche Ebenen: eine technische und eine ökonomische Ebene. Ein technisch optimaler Produktionsablauf muß nicht mit einem ökonomisch optimalen identisch sein, und umgekehrt. Im Produktionsmanagement werden daher ingenieurwissenschaftliche und andere technische Gesichtspunkte mit den betriebswirtschaftlichen, vor allem den Kostenaspekten integriert. Organisatorische Alternativen beim Ablauf sind daher aus übergeordneter Sicht zu bewerten. Hinzu kommen rechtliche Aspekte, wie z.B. Arbeitssicherheit und Umweltschutz.

Die Produktion ist als zentrale Funktion eines Unternehmens anzusehen. Produktion ist - in diesem Zusammenhang - zu unterscheiden von Handel, obgleich natürlich auch der Handel eine Funktionen der Bereitstellung ausübt. Produktion ist aber mehr im Sinne von Herstellung zu sehen, d.h., es wird etwas gefertigt (die Begriffe Fertigungswirtschaft oder Fertigungsmanagement machen das ganz deutlich) und somit etwas Neues geschaffen (Wertschöpfung). Wenn im Handel Servicefunktionen angeboten werden, die mit dem bereitgestellten Gut verknüpft sind, dann ist auch das eine Bereitstellung von Gütern.

6.2. Theoretischer Hintergrund

6.2.1. Güterbegriff

Begrifflich sollte genauer unterschieden werden: **Güter** ist ein Oberbegriff, der **Waren** bzw. gleichbedeutend: **Sachgüter** (materielle Güter), **Dienstleistungen** und **Rechte** (immaterielle Güter) umfaßt. Die sogar in ökonomischen Lehrbüchern anzutreffende Formulierung ‘Güter und Dienstleistungen’ ist daher streng genommen falsch, denn dies wäre vergleichbar mit ‘Tiere und Pferde’. Dieser Sprachgebrauch ist jedoch leider üblich, zum einen, weil er einfach und eingängig ist, zum anderen, weil er sich aus der englischen Terminologie *goods and services* ergibt. Alle Güter, d.h. Waren, Dienstleistungen und Rechte, werden durch den Einsatz von Produktionsfaktoren produziert. Im folgenden wollen wir diese näher betrachten.

6.2.2. Betriebliche Produktionsfaktoren

In der Betriebswirtschaftslehre werden vier Produktionsfaktoren unterschieden:[5]

- dispositive Arbeit,
- ausführende Arbeit,
- Betriebsmittel und
- Werkstoffe.

Die menschliche Arbeit wird also unterschieden in **dispositive** und **ausführende Arbeit**. Der Faktor dispositive Arbeit ist gleichbedeutend mit dem, was man heute als Management im Sinne von (personellen) Entscheidungsträgern bezeichnet. Er umfaßt Entscheidungsfunktionen in den Bereichen Unternehmensführung, Organisation, Planung und Kontrolle und 'disponiert' (lenkt) den Faktor ausführende Arbeit und die sachlichen Produktionsfaktoren.[6] Die Abgrenzung zwischen dispositiver und ausführender Arbeit ist insofern schwierig, als z.B. der Leitende Angestellte (dies ist ein Begriff des Arbeitsrechts) von der faktischen Funktion her dispositiv tätig ist, arbeitsrechtlich jedoch weisungsgebunden und somit ausführend tätig ist. Allgemein wird er - betriebswirtschaftlich, also nicht rechtlich - jedoch dem Management zugerechnet, d.h. dem dispositiven Faktor.

Betriebsmittel sind z.B. Grundstücke, Gebäude, Büroeinrichtungen, Kraftfahrzeuge, Maschinen und Werkzeuge, aber auch Know-how, Patente oder Lizenzen. **Werkstoffe** sind Stoffe, aus denen durch Substanzveränderung, Umformung oder Einbau Fertigprodukte hergestellt werden. Sie umfassen **Rohstoffe**, die z.B. bearbeitet oder verarbeitet werden, **Hilfsstoffe** wie z.B. Kühl- oder Schmiermittel und **Betriebsstoffe** wie Energie.

Die Faktoren ausführende Arbeit, Betriebsmittel und Werkstoffe werden auch als **Elementarfaktoren** bezeichnet. In der VWL wird der Faktor menschliche **Arbeit** nicht unterteilt. Der Faktor **Natur** (Umwelt) wird oft - historisch bedingt - als **Boden** bezeichnet, doch ist dies 'zu flach', weil auch die im Boden vorhandenen Bo-

[5] In der Volkswirtschaftslehre sind es drei bis vier; auf die Abgrenzung zur VWL gehen wir weiter unten ein.

[6] In Speditionen (und anderen Unternehmen) gibt es die Funktion des Disponenten, der für die Einsatzplanung von Fahrern und Fahrzeugen zuständig ist.

denschätze sowie alles, was sich natürlich auf dem Boden befindet (Wald, Tiere etc.) oder auf ihn fällt (Sonnenlicht, Wind, Regen etc.), zum Boden gehört. Dieser Produktionsfaktor ist also nicht als Scheibe, sondern dreidimensional zu verstehen. Der Begriff Natur kommt dem am nächsten, ist aber in der Lehrbuchterminologie noch unüblich.

Die betrieblichen Produktionsfaktoren Betriebsmittel und Werkstoffe können volkswirtschaftlich gesehen sowohl Natur als auch Kapital sein. Kapital ist als **Sachkapital** zu verstehen (z.B. Maschinen), nicht als Finanzkapital (Geld), denn Geld ist für sich genommen unproduktiv. Man kann mit Geld Produktionsfaktoren kaufen und einsetzen, aber Geld allein ist auch nutzentheoretisch kein Gut.

Über die Zuordnung von **Know-how** bzw. **technischem Fortschritt** besteht in der VWL keine einheitliche Meinung. Teils wird der technische Fortschritt in den Faktor Arbeit integriert, teils als Sachkapital angesehen, teils als eigenständiger Produktionsfaktor gewertet. Da technischer Fortschritt jedoch nicht vom Himmel fällt, erscheint eine Zuordnung zu einem der beiden Faktoren Arbeit oder Kapital grundsätzlich plausibel - wie, kann hier nicht diskutiert werden.

6.2.3. Produktions- und Kostentheorie

Die betriebswirtschaftlich fundierte Produktions- und Kostentheorie (PKT) hat eine besondere wissenschaftliche Stellung. Sie bietet eine sehr ausdifferenzierte und mathematisch erschließbare Struktur von Kosten- und Erlösaspekten[7] und ermöglicht zahlreiche analytische Erkenntnisse, die auch in die volkswirtschaftliche Betrachtung übernommen werden können. Beispielsweise läßt sich aus der Analyse von **Kosten-** und **Erlösfunktionen** nachweisen, daß - im Vergleich zu einer Situation mit funktionierendem Wettbewerb - eine Monopolsituation zu geringerer Güterversorgung bei höheren Preisen führt. Betriebswirtschaftlich hat die Produktions- und Kostentheorie eher eine nachgeordnete Bedeutung, weil beispielsweise in der Praxis der unternehmerischen Kosten sehr viel mehr mit linearen Kostenverläufen gearbeitet wird als in der PKT, die meist von nicht-linearen Kostenfunktionen ausgeht.

Gegenstand der PKT sind zunächst die Beziehungen zwischen den **Produktionsfaktoren**. Dabei ist zwischen komplementären und substitutiven Faktoren zu unterscheiden. **Komplementäre**[8] Faktoren können nur gemeinsam eingesetzt werden und ergänzen sich dabei; beispielsweise braucht man für die Nutzung eines LKW

---

[7] Als Erlös ist hier – vereinfacht – das Produkt aus verkaufter Produktion (Absatz) und Preis zu verstehen.

[8] Lat. *complementare* = sich ergänzen.

(Betriebsmittel) einen Fahrer (Arbeit). Gleichzeitig begrenzt die Menge des geringer verfügbaren Faktors die sinnvoll nutzbare Menge des anderen: Hat man 2 LKW, aber nur 1 Fahrer, weil der zweite krank ist, bleibt 1 LKW ungenutzt stehen (sog. **limitationale**[9] Produktionsfaktoren), und nur der zweite kann eingesetzt werden. Die Beziehungen zwischen den Einsatzmengen komplementärer Faktoren sind in der Regel linear, weil dies technisch bedingt ist (pro LKW ein Fahrer, im Fernverkehr plus ein Beifahrer, pro Kilo Plastikmasse x Gramm Farbstoff, etc.). Um wirksam zu sein, setzt ein Mehreinsatz des einen Faktors einen proportionalen Mehreinsatz des komplementären Faktors voraus.

Substitutive[10] Produktionsfaktoren können sich in ihrer Wirkung gegenseitig ersetzen. Ein Mindereinsatz des einen Faktors (Arbeit) kann durch den anderen Faktor (Betriebsmittel: Maschine) kompensiert werden. Man spricht daher auch von kompensatorischen Produktionsfaktoren. Beispielsweise kann Gewebe mit automatischen Webmaschinen und wenig Arbeit oder mit einfachen Webstühlen und entsprechend mehr Arbeitseinsatz produziert werden. Der Ersatz von Arbeit durch Betriebsmittel (Kapital) wird gerne als **Rationalisierung** bezeichnet, doch kommen dadurch tendenziell die volkswirtschaftlich problematischen Effekte der betriebswirtschaftlich absolut nachvollziehbaren Kostensenkungsmaßnahme - z.B. Arbeitslosigkeit - nicht recht zum Ausdruck.

Die Beziehungen zwischen dem Einsatz von Produktionsfaktoren und dem damit erzielten Ertrag können als **Produktionsfunktionen (Ertragsfunktionen)** dargestellt werden. Je nach der Art des Faktoreinsatzverhältnisses (komplementär/substitutional, linear/nicht-linear) ergeben sich verschiedene Varianten, die hier nicht behandelt werden. Berühmt ist beispielsweise das **Ertragsgesetz**, welches die abnehmende Zusatzwirkung von Dünger in der Landwirtschaft behandelt und sich als „Gesetz des abnehmenden Grenzertrages" in vielen ökonomischen Zusammenhängen wiederfindet. Die linearen, progressiven oder degressiven Abhängigkeiten des Ertrages vom Faktoreinsatz können rein mengenmäßig oder in Wertgrößen (Geld) erfolgen.

Bewertet man den Faktoreinsatz in Geld, spricht man von Kosten. Als **Kosten** bezeichnet man den bewerteten Güterverzehr zur Leistungserstellung. Kosten sind ein zentraler Begriff der Betriebswirtschaftslehre, und man muß vielfältig differenzieren: Es gibt **fixe Kosten** (unabhängig von der Produktionsmenge, z.B. Kfz-Steuern) und **variable Kosten** (abhängig von der Produktionsmenge, z.B. Energieverbrauch). Beide zusammen nennt man **Gesamtkosten** oder **totale Kosten**. Bezieht man die Produktionskosten auf die Produktionsmenge (Ertrag), erhält man

[9] Lat. *Limes* = Grenze.

[10] Lat. = sich ersetzen, statt substitutiv wird synonym auch substitutional verwendet.

durchschnittliche Kosten (Durchschnittskosten) oder **Stückkosten**. **Einzelkosten** können direkt dem Produktionsergebnis zugerechnet werden (z.B. Arbeitslohn oder Materialverbrauch), **Gemeinkosten** nur indirekt: Sie müssen durch bestimmte Verteilungsschlüssel umgelegt (verteilt) werden, z.B. die Kosten der Telefonzentrale in einem Produktionsbetrieb. Im Abschnitt 11.2 über **Kostenrechnung** wird dies vertieft.

Wenn ein Betriebswirt den Begriff **Unkosten** hört, zuckt er zusammen, obgleich der Begriff teils zu Recht, teils zu Unrecht diffamiert wird. Sprachhistorisch leitet er sich aus dem mittel-niederdeutschen Wort *unkost* ab. Die Bedeutung der Vorsilbe ‘un-‘ ist aber nicht - wie bei ungerade oder unschön - als Gegensatz zu verstehen, sondern wie bei Unwetter, Untiefe oder Unkraut in der Bedeutung von schlimm. Unkosten sind daher nicht das Gegenteil von Kosten, sondern als Unkosten wurden früher solche ‘schlimmen’ Kosten bezeichnet, die sich nicht wie die guten Einzelkosten direkt zurechnen lassen und daher im Sinne des heutigen Begriffs Gemeinkosten verrechnet werden müssen. Wenn also bei einem Stadtfest ein Unkostenbeitrag erhoben wird, ist das insofern falsch, als damit nicht nur die Gemeinkosten, sondern auch die Einzelkosten abgedeckt werden sollen. Allgemein sollte man den Begriff Unkosten vermeiden und lieber pauschal von Kosten sprechen.

In der PKT werden betriebswirtschaftlich optimale Situationen definiert, bei denen die Produktionskosten in einem optimalen Verhältnis zum Produktionsergebnis stehen (z.B. als **Minimalkostenpunkt**). In der Praxis wird man sich dieser Situation durch andere Methoden annähern, insbesondere aus der Kostenrechnung, doch ist die grundsätzliche Verwandtschaft erkennbar. Ein in beiden Welten und auch allgemein bekannter Begriff ist der ***Break-even*-Punkt**, d.h. die Produktionssituation, in welcher der Erlös gerade die Kosten deckt. Davor entsteht Verlust, danach „Gewinn“. Die Anführungszeichen sind wichtig, weil es zahlreiche Gewinndefinitionen mit sehr unterschiedlicher Bedeutung gibt, worauf hier nicht näher eingegangen werden kann.

6.3. Praxisfelder des Produktionsmanagements

Die **langfristige Produktionsplanung** orientiert sich an den Vorgaben, die sich aus den vorgeschalteten und übergeordneten strategischen und operativen Unternehmenszielen ableiten (vgl. Kap. 2). Dies schließt u.a. die Abgrenzung der Produktfelder (quantitativ und qualitativ, d.h. Gütermengen und -qualitäten), der Fertigungstiefe und die Festlegung der entsprechenden Produktionsverfahren sowie der Fertigungstypen ein. Das geschieht in Abstimmung mit der Absatzplanung (Verkaufsplanung).

Es gibt vier **Fertigungstypen**: Einzel-, Serien-, Sorten- und Massenfertigung. **Einzelfertigung** bezieht sich auf spezielle Aufträge, nicht selten außerhalb des regulären Produktprogramms. Bei **Serienfertigung** in der Autoindustrie werden jeweils mehrere Einheiten verschiedener Produktvarianten auf getrennten Anlagen erstellt. Bei der **Sortenfertigung** hingegen produziert man meist nacheinander verschiedene Varianten, beispielsweise Tuchpartien, auf derselben Anlage. In der **Massenfertigung** werden sehr viele Einheiten eines Produktes auf denselben Anlagen gefertigt.

Die Planung des Produktionsablaufs umfaßt die **innerbetriebliche Standortplanung**, d.h. die Festlegung, wo die einzelnen Fertigungsanlagen stehen sollen. Dies wird sich meist am Fertigungsablauf orientieren. Dieser kann unterschiedlich organisiert sein: In der **Fließfertigung** wird der Arbeitsablauf für ein bestimmtes Produkt chronologisch an seiner technischen Entstehung ausgerichtet, sozusagen von unten nach oben, und in kleine Schritte unterteilt, die unmittelbar hintereinander von verschiedenen Arbeitsgruppen auszuführen sind. Dabei sollen die Lager- und Transportvorgänge auf ein Minimum reduziert sein. In der **Werkstattfertigung** hingegen werden gleichartige Fertigungsschritte für verschiedene Produkte zusammengefaßt, beispielsweise in der Lackiererei oder der Verkabelung.

Bei der **Baustellenfertigung** werden die unternehmerischen Funktionen geographisch ausgelagert und vollziehen sich außerhalb des Betriebes. Typische Beispiele - daher auch der Begriff - sind Baustellen im Hoch- oder Tiefbau. Grundsätzlich ist eine Baustellenfertigung ein Unternehmen für sich, d.h., es muß ein ganz analoges Produktionsmanagement erfolgen wie innerhalb eines Betriebes. Ein wesentlicher Unterschied besteht oft darin, daß die zu erbringende Leistung einmalig ist. Dadurch kann man meist nur begrenzt auf Vorerfahrungen zurückgreifen, was u.a. den Planungs-, aber auch den Kalkulationsprozeß erschwert. Natürlich gibt es auch bei Baustellenfertigung eingefahrene Routinen, beispielsweise bei den Anbietern von Fertighäusern.

Die Produktionsplanung und die Fertigungsablaufplanung müssen folglich mit anderen Aspekten synchronisiert werden. Hierzu zählen der außerbetriebliche **Einkauf** sowie die innerbetriebliche **Lagerung** und der innerbetriebliche **Transport** von Vorprodukten, Halb- und Fertigerzeugnissen. Diese Aspekte bilden zusammen mit entsprechenden Überlegungen bezüglich Einkauf und Vertrieb das Lehrgebiet **Logistik**. Möglich ist auch, das **Materialmanagement** bezüglich der bedarfsgerechten Verfügbarkeit der erforderlichen Materialien während des Produktionsablaufs gesondert zu betrachten. Bekannt ist beispielsweise das *Just-in-time*-Konzept, mit dem versucht wird, die Lagerkosten zu minimieren, indem benötigte Materialien und Produkte genau dann angeliefert werden, wenn sie benötigt werden. Faktisch ergibt sich teilweise eine „rollende Lagerung“.

Das **kurzfristige** operative **Produktionsmanagement** berücksichtigt die aktuelle Kapazitätssituation. Beispielsweise können durch den Ausfall von Anlagen oder zwischengeschobene dringliche Aufträge Abweichungen vom geplanten Ablauf erforderlich sein. Ziel ist dabei zum einen, die **Maschinenbelegung** zu optimieren, d.h. eine Anlage ökonomisch optimal auszulasten, insbesondere Leerzeiten zu vermeiden und Rüstzeiten zu minimieren. Andererseits muß eine fristgerechte Ausführung von Aufträgen gewährleistet werden.

Für die partiellen Aspekte des Fertigungs-, Material- oder Logistikmanagements gibt es zahlreiche Planungs- und Optimierungsverfahren, die heute weitgehend computergestützt arbeiten und begrifflich mit Kürzeln wie CIM, CAD, CAM, CAP oder CAQ verbunden sind. Ein wichtiger Bereich ist die Kontrolle der **Produktqualität**, für welche die ISO 9000ff. [11] als Standardnorm entwickelt wurden.

6.4. Komplementäre Managementbereiche

Das Produktionsmanagement wird in erster Linie von technischen und ökonomischen Überlegungen geprägt. Es muß ergänzt werden durch ein abgestimmtes Management anderer Aspekte, die oft (aber nicht zwingend) in gesonderten Lehrgebieten zusammengefaßt sind. Die Produktion muß mit den übrigen Managementbereichen in die Aufbau- und Ablauforganisation des Unternehmens integriert werden (vgl. Kap. 4). Ein sehr wichtiger komplementärer Bereich ist die **Investitionsplanung** und damit verbunden die **Finanzplanung**. Hinzu kommt die Verknüpfung mit dem **betrieblichen Rechnungswesen**, insbesondere der Investitions- und Anlagenkostenrechnung (vgl. Kap. 8 und 11).

---

[11] CIM = Computer Integrated Manufacturing, CAD = Computer Aided Design, CAM = Computer Aided Manufacturing, CAP = Computer Aided Planning, CAQ = Computer Aided Quality Control. ISO = International Standardization Organization.

In zunehmendem Maße sind heute Aspekte des **Umweltschutzes** zu integrieren. Diese ergeben sich teils aus rechtlichen Vorgaben, teils aus ökonomischen Überlegungen. Ihr Zusammentreffen wird besonders deutlich im Abfallmanagement und bei in den Fertigungsprozeß integrierten Umweltschutzkonzepten, die - im Gegensatz zu End-of-pipe-Lösungen - auch beträchtliche ökonomische Vorteile haben. Im Bereich des Umweltmanagements gibt es bestimmte Standards, von denen besonders die ISO 14000 ff. hervorzuheben sind (vgl. Kap. 7).

Die technisch-organisatorische Fertigungsplanung setzt einen genau abgestimmten Personaleinsatz (*Staffing*) voraus. Das **Personalmanagement** (Management des Humankapitals) muß daher für eine entsprechende Zahl hinreichend qualifizierter, motivierter Arbeitskräfte sorgen. Dies umfaßt verschiedene Aufgabenbereiche (Stellenbeschreibung, Arbeitsbewertung, Rekrutierung, Training etc.), die in Kap. 5 vertieft wurden. Insbesondere für größere Unternehmen, aber nicht nur für diese, sind Arbeitssoziologie und -psychologie von Bedeutung. Die Arbeitsplatzgestaltung wird auch von der Arbeitsergonomie beeinflußt.

Ein äußerst wichtiger Managementaspekt in der Produktion, aber auch generell, ist das **Controlling**. Controlling ist sowohl vergangenheits- als auch zukunftsgerichtet (vgl. Kap. 2), da festgestellte Abweichungen von geplanten Ergebnissen zu Korrekturen führen, die sich in der nächsten Periode auswirken sollen.

Stillstand ist Rückschritt. Der Prozeß der unternehmerischen Leistungserstellung muß begleitet bzw. vorbereitet werden von **Forschung und Entwicklung**. Dies bezieht sich auf alle unternehmensrelevanten Aspekte: Technik, Recht, Organisation, Marktentwicklung (u.a. Produktzyklen), Personal etc.

7. Betriebliches Umweltmanagement

Umweltschutz war bis vor gar nicht so langer Zeit kein relevantes Thema für Unternehmen. Wenn überhaupt, blieb Umweltschutz eine Domäne des Staates. Seit etwa Ende der 70er änderte sich dies, insbesondere bedingt durch eine einsetzende staatlich Regelungsflut. Sie betraf nicht nur die Müllentsorgung, den Gewässerschutz und die Emissionen aus Schornsteinen und Kraftwerken, sondern erstreckte sich auf fast alle Sektoren, einschließlich des Handwerks. Viele Unternehmen reagierten erst auf externen Druck von Behörden, von Anwohnern in der Nachbarschaft, Umweltgruppen oder auf Abnehmer, die umweltfreundliche Produkte wollen: **defensives Umweltmanagement**.

Gleichzeitig wurde aber auch deutlich, daß sich Umweltschutz betriebswirtschaftlich 'rechnet'. Zum einen ist Umweltfreundlichkeit ein immer wichtigeres **Marketingargument**, denn das Kundenverhalten hat sich geändert. Der Verbraucher besteht heute auf umweltfreundlichen Produkten und interessiert sich in zunehmendem Maße auch für die Herstellungsprozesse und Entsorgungsmöglichkeiten. Zum anderen lassen sich durch umweltschützende Maßnahmen auch betriebsintern Kosten einsparen.

Unabhängig von dieser betriebswirtschaftlichen Perspektive nimmt auch die Einstellung zu, daß Unternehmen eine gesellschaftspolitische Verantwortung und damit eine Verpflichtung zum Umweltschutz haben. Heute ist Umweltschutz bei sehr vielen Unternehmen ein expliziter Bestandteil der Unternehmensziele: **offensives Umweltmanagement.** Für Umweltmanagement werden verschiedene, teilweise ähnliche Begriffe verwendet: Ökologisches Management, Umweltmanagement, Umweltcontrolling, Öko-Controlling und noch einige mehr. Eine allgemeingültige Abgrenzung gibt es nicht; hierfür ist das Problemfeld offensichtlich zu jung. Umweltmanagement (Ökologisches Management) bietet sich als weitester Begriff an: Darunter ist der Bereich der Unternehmenspolitik und Unternehmensführung zu verstehen, der sich gezielt mit ökologischen Problemen befaßt. In den Unternehmen hat Umweltmanagement - in Abhängigkeit von der Branche und den Unternehmenszielen - ganz unterschiedliche Stellenwerte. In einigen Unternehmen ist es der dominante Führungsbereich, an dem sich alle übrigen orientieren. In anderen Unternehmen hat das Umweltmanagement eine eher nachrangige Bedeutung.

7.1. Gründe für ökologisches Management

Eine ökologisch orientierte Unternehmensführung kann diverse Vorteile erschließen. Zunächst wird man spontan und völlig zu Recht an **Einsparungseffekte** im Produktionsprozeß denken. Hier sind meist Einsparungen bei Rohstoffen, Materialien und Energie möglich. Analoges gilt für Transport und Lagerhaltung. Abfälle können vermieden oder vermindert, Reststoffe vielfach verwertet werden. Emissionen lassen sich vermeiden oder vermindern, Umweltrisiken (Gefahrenpotentiale) ebenso. Die erforderlichen Untersuchungen decken oft noch so manches **Rationalisierungspotential** auf.

Gleichzeitig wird meist auch das innerbetriebliche **Informationssystem** verbessert. Erforderliche Umweltinnovationen bewirken oft eine allgemeine **Produktivitätssteigerung**, denn umweltfreundliche Produkte haben ein beträchtliches **Marktpotential**. Vielfach bedingt bereits die Konkurrenzsituation, daß ein Unternehmen sich um ein gutes Umweltimage bemühen muß. Dies kann sich auch positiv auf die

Arbeitsqualität der Mitarbeiter auswirken, und zwar einmal aufgrund besserer Motivation, die sich aus einem Zugehörigkeitsgefühl zu einem umweltbewußten Unternehmen ableitet (*corporate identity*), zum anderen, wenn aufgrund des guten Firmenimages qualifizierte Bewerber angeworben werden können. Ökologieorientierte Unternehmen haben in vielen Fällen zudem Möglichkeiten, Fördermittel für Forschungen und Investitionen zu mobilisieren. Nicht selten wirkt sich eine Umweltorientierung auch auf bessere Konditionen bei Kreditinstituten und Versicherungen aus.

Ein **Umweltmanagementsystem**, für das als internationale Standardnorm die ISO 14001ff. gilt, weist eine Reihe von Parallelen zum **Qualitätsmanagement** nach der DIN ISO 9000ff. auf, d.h. der Zertifizierung zur Qualitätssicherung. Die Entwicklung eines betrieblichen Umweltmanagements kann mit erheblichem personellem, organisatorischem und finanziellem **Aufwand** verbunden sein. Während größere Unternehmen sich dabei leichter tun werden, können für kleinere Betriebe durchaus Probleme entstehen. Allerdings gibt es einige Unterstützungsmöglichkeiten für kleine und mittlere Unternehmen (KMU), die teils aus nationalen, teils aus EU-Mitteln getragen werden. Die Industrie- und Handelskammern sind dafür eine wichtige Informationsquelle. Zudem bieten Beratungsunternehmen sinnvolle Unterstützungen an, und auch die Fachliteratur enthält mittlerweile umfangreiche praxisorientierte Hinweise.

Es wird immer wichtiger, nicht nur die Folgen der Umweltbelastungen zu bekämpfen, die sich aus umweltschädlichen Effekten ergeben (sog. **entsorgender** oder **additiver Umweltschutz**: *End-of-pipe-* bzw. *Down-stream*-Maßnahmen). Vielmehr werden Umweltschutzaspekte bereits in Forschung, Produktentwicklung, Einkauf und Produktionsplanung berücksichtigt (**integrierter Umweltschutz**: *Begin-of-Pipe*). Dies wird sich auch auf die Marktchancen der Anbieter von umweltschonenden Technologien auswirken: Die Zukunft gehört Technologien, bei denen Abfälle und Schadstoffe gar nicht erst entstehen.

Eine besondere Problematik ergibt sich im Hinblick auf mögliche internationale **Wettbewerbsverzerrungen** durch national unterschiedliche Umweltschutzauflagen. Insgesamt ist aber festzuhalten, daß - bis auf einige Fälle - Umweltschutzauflagen die Industrien nicht zur Flucht in Umweltoasen bewegen. **Standortverlagerungen** sind in der Regel auf andere Faktoren zurückzuführen. Dabei werden 'harte' und 'weiche' Standortfaktoren unterschieden: Zu den harten Faktoren zählen quantifizierbare Variable wie Lohnkosten, Steuern, Energiekosten, Kosten aufgrund von Umweltnormen, Ausstattung mit materieller Infrastruktur usw. Weiche Standortfaktoren sind z.B. die Effizienz der relevanten Behörden (z.B. im Hinblick auf Genehmigungsverfahren und -fristen), die Wohnqualität und der Freizeitwert für Unternehmensmitarbeiter, allgemeine soziale oder kulturelle Rahmenbedingungen und zunehmend auch die Umweltqualität.

7.2. Ausgestaltung des Umweltmanagements

Unabdingbare Voraussetzung für betriebliches Umweltmanagement ist ein innerbetriebliches **Umwelt(schutz)-Informations-System**. Dieses muß oft aus einem bereits existierenden Management-Informations-System (MIS) entwickelt werden, da es anderen Zwecken dient. Der Aufbau und die Pflege von Ökodaten ist ein nicht zu unterschätzender Kostenfaktor. Ein Umwelt-Informations-System wird in erster Linie für betriebsinterne Zwecke strukturiert werden. Daneben sollte das System aber auch die Kommunikation nach außen unterstützen. Ganz wichtig ist dies im Hinblick auf Störfälle und Notfälle.

- **Innerbetriebliche Organisation des Umweltschutzes**

Das **Umweltrecht** macht in einigen Zusammenhängen Vorgaben hinsichtlich der innerbetrieblichen Organisation, indem z.B. innerhalb der Unternehmensleitung ein Umweltschutzdirektor oder Umweltbeauftragte für spezielle Bereiche zu benennen sind. Umweltschutz ist dabei grundsätzlich eine Querschnittsaufgabe. Dies ist bei einer funktional strukturierten Unternehmensorganisation nicht immer leicht umzusetzen. Nicht selten ergeben sich Kompetenzprobleme, wenn Umweltbeauftragte in Linienfunktionen 'hineinreden' können. Eine Weisungsbefugnis 'in der Linie' ist in der Praxis allerdings seltener als Beratungsfunktionen. Umweltschutz wird oft als Stabsstelle organisiert, die jedoch dann erfahrungsgemäß die Rückendeckung der Unternehmensleitung hat.

- **Umweltberichte und andere Instrumente**

Viele Unternehmen geben schon seit langem in eigener Initiative **Umweltberichte** heraus, in denen sie sich selbst hinsichtlich ihrer Umweltpolitik beschreiben. Zielgruppen sind Kunden, Verbraucher- und Umweltverbände, die Mitarbeiter und die Anteilseigner des Unternehmens, Behörden sowie Banken und Versicherungen. Diese Berichte sind ganz unterschiedlich gestaltet, weil es in dieser Hinsicht keinerlei verbindliche Vorgaben gibt. Neben zahlreichen quantitativen Angaben geben auch qualitative Beschreibungen von Zusammenhängen Aufschluß über die unternehmensbezogene Umweltpolitik.

In **Öko-Bilanzen** versucht man, den umweltrelevanten Material- und Energieverbrauch sowie die Emissionen mengenmäßig zu erfassen und insbesondere auch die umweltrelevanten Aspekte auszuweisen, die aus der kaufmännischen Buchführung nicht hervorgehen, wie z.B. externe Effekte. Trotz des Begriffs sind Öko-Bilanzen keinerlei handelsrechtliche Vorschriften bilanzieller Art. Es handelt sich dabei lediglich um eine freiwillige, individuell gestaltbare Umweltbuchführung mit entsprechender Berichterstattung. In Ermangelung vereinheitlichter Standards sind Öko-Bilanzen daher kaum miteinander vergleichbar.

Eine **Umweltverträglichkeitsprüfung** (UVP) ist eine Maßnahme vor der Realisierung von Bauvorhaben (Neubauten wie Änderungen) und anderen Projekten. Sie kann aber auch für Produkte durchgeführt werden, sowohl im Hinblick auf den Produktionsprozeß als auch bezüglich der Nutzung oder des Gebrauchs sowie hinsichtlich der Entsorgung bzw. Wiederverwertung.

Ein **Öko-Audit** oder Umweltaudit ist eine freiwillige systematische Erfassung und Bewertung aller umweltrelevanten betrieblichen Aktivitäten eines Unternehmens an einem bestimmten Standort. Im Unterschied zu betriebsinternen Untersuchungen werden die Ergebnisse dabei von externen Gutachtern bewertet und in bestimmter Form veröffentlicht. Ein zertifiziertes Unternehmen kann dies in seiner allgemeinen Öffentlichkeitsarbeit werbewirksam herausstellen. Umweltaudits erfordern teilweise erheblichen personellen und finanziellen Aufwand. Dem ist gegenüberzustellen, daß sich durch das Audit betriebsinterne Schwachstellen erkennen und abstellen lassen.

- **Haftung für Umweltschäden**

Eine Vielzahl von Gesetzen und Verordnungen bedroht den Verursacher von Umweltschäden mit Sanktionen, die von Bußgeldern und Strafen über den Entzug von Produktionsgenehmigungen bis zum Schadenersatz reichen. Hinzu kommt das ökonomische Risiko von Imageverlust und Markteinbußen. Auf der rechtlichen Ebene muß unterschieden werden zwischen dem öffentlichen Ordnungsrecht, dem zivilrechtlichen Haftungsrecht und dem Strafrecht. Das Umwelt-**Ordnungsrecht** setzt bereits vor einer konkreten Schädigung bei der Gefährdung an, also bei Risikotatbeständen. Dabei erstreckt sich die Haftung sowohl auf die Verpflichtung zum Schadenersatz als auch auf die individuelle Verantwortung für Verstöße, die mit rechtlichen Sanktionen geahndet werden können. Eine **strafrechtliche Verfolgung** ist immer personenbezogen.

Die 'normale' **zivilrechtliche** Haftung nach dem BGB ist eine **Verschuldungshaftung** bei unerlaubter Handlung (**deliktische Haftung**). Die Beweislast liegt beim

Geschädigten. Neuere Gesetze verbessern die Rechtslage, indem sie die **Verursacherhaftung** verschärfen: Der Frage nach subjektivem Verschulden oder nicht wird dabei gar nicht mehr nachgegangen, wenn feststeht, daß eine bestimmte Handlung objektiv einen Schaden verursacht hat. Grundsätzlich wird dabei der Schädiger für den eingetretenen Schaden haftbar gemacht (**Erfolgsdelikt**), in bestimmten Fällen bereits für die bloße Gefährdung (**Gefährdungsdelikt**). Der Schädiger kann sich nur noch selten durch Gegenbeweise entlasten, denn die Gefährdungshaftung tritt meist trotzdem ein - unabhängig davon, ob sein subjektives Verschulden vorliegt. Der potentielle Schadensverursacher wird dadurch angereizt, präventiv für Schadensvermeidung Sorge zu tragen. Sofern dennoch Schäden eintreten, sorgt das Haftungsrecht für einen Schadensausgleich bei den Betroffenen (Opferschutz).

Um Umweltrisiken absichern zu können, müssen sie operationalisiert werden, d.h., sowohl ihre Eintrittswahrscheinlichkeit als auch das mögliche Ausmaß entstehender Schäden sind zu quantifizieren. Innerhalb der Betriebe ist daher eine sorgfältige Dokumentation aller umweltrelevanten Abläufe und Umstände erforderlich, auch um ggf. auf Haftungsansprüche reagieren zu können.

7.3. Ökologisches Marketing

Die Umweltverträglichkeit eines Produktes ist heute ein wichtiges Verkaufsargument und teilweise bereits **Voraussetzung** für seine Verkäuflichkeit überhaupt. Der Schwerpunkt ökologischen Marketings liegt im Konsumbereich, aber auch bei Investitionsgütern spielt die Umweltfreundlichkeit eine zunehmend wichtige Rolle.

Möglichkeiten, den Umweltstandard von Gütern deutlich zu machen, sind Kennzeichnungen durch **Umwelt-Logos** (Umweltzeichen, Öko-Label, Öko-Logo, Gütesiegel, Produktlabel). Dabei kann es sich zum einen um *positive* Kennzeichnung handeln, bei der z.B. die Umweltverträglichkeit oder die Recycling-Fähigkeit eines Gutes herausgestellt wird (z.B. der „Grüne Punkt“ oder der „Blaue Engel“). Zum anderen kann es eine *negative* Kennzeichnung sein, durch welche die Bestandteile eines Gutes - und damit ggf. schädliche Substanzen - deutlich gemacht werden, z.B. Pestizidwerte, Nikotinwerte, Hinweise wie "Rauchen fördert Krebs". Für solche Kennzeichnungspflichten gibt es eine ganze Reihe von gesetzlichen Grundlagen. Die meisten der übrigen verwendeten Kennzeichnungen erfolgen auf freiwilliger Basis. Das Hauptproblem ist dabei die **Glaubwürdigkeit** solcher Umweltzeichen, denn es gibt mittlerweile eine schwer zu überschauende Vielzahl.

Die Grenze zwischen ökologischen Labels und anderen Botschaften wird leicht verwischt. Beispielsweise ist im Teppichhandel und in der Textilbranche die Frage besonders brisant, ob die Produkte eventuell unter Einsatz von **Kinderarbeit** hergestellt wurden. In der Teppichindustrie wurde ein Teppichsiegel **Rugmark** entwickelt, das nur Teppiche führen dürfen, die ohne Kinderarbeit entstanden sind. International sind Logos, die sich auf **Sozialstandards** wie Mindestlöhne oder Arbeitsbedingungen beziehen, besonders umstritten, weil sie leicht zu handelsbehindernden Effekten führen können.

Durch **Öko-Sponsoring** von Sport und Kultur versuchen viele Unternehmen, ihren Bekanntheitsgrad zu erhöhen und ein umweltbewußtes Image zu dokumentieren.

In **Öko-Kampagnen** machen meist ganze Industriezweige auf ihr Umweltbewußtsein und ihre Bemühungen zum Umweltschutz aufmerksam. Dies gilt beispielhaft für die besonders von Imageproblemen betroffene chemische Industrie. Genau entgegengesetzt versuchen Verbrauchergruppen und andere Interessenvereinigungen, die Umweltgefährlichkeit einzelner Unternehmen oder auch von Industriezweigen zu verdeutlichen. Beispiele sind die 1995 von Greenpeace initiierte Kampagne gegen die beabsichtige Versenkung der Shell-Ölplattform Brent Spar oder die Kampagne gegen die französischen Atomwaffenversuche auf dem Mururoa Atoll.

Die negativen Umweltwirkungen des Massentourismus sind offenkundig. Für viele Tourismuszentren wird es daher zu einer Überlebensfrage, **Öko-Tourismus** anzubieten und einem Negativimage durch die Betonung der Umweltfreundlichkeit ihrer Angebote entgegenzuwirken.

8. Finanzierung und Investition

Beschaffung und Verwendung von Kapital sind Eckpfeiler des unternehmerischen Geschehens. Die **Kapitalbeschaffung** bezeichnet man meist als **Finanzierung**, die **Kapitalverwendung** als **Investition**. Grundlage sind die Planung der gegenwärtig und zukünftig zu bewältigenden Aufgaben in Abhängigkeit von den Unternehmenszielen und eine dementsprechende kurz-, mittel- und langfristige Investitions- und Finanzplanung.

Die Abhängigkeitsbeziehungen wechseln: Von der Logik her beeinflußt die Investitionsplanung als unabhängige Variable die Finanzplanung als abhängige Variable.

Grundsätzlich werden zunächst die Aufgaben der Unternehmung und die damit zusammenhängenden Investitionen geplant, und dann wird im nächsten Schritt untersucht, wie die dafür erforderlichen finanziellen Mittel zu beschaffen sind. Bei finanziellen Engpässen hingegen wird die Finanzplanung die unabhängige Variable sein, die sich restriktiv auf die Investitionsplanung auswirkt und eventuell Modifikationen erfordert.

8.1. Investition (Mittelverwendung)

- **Abgrenzungen**

Investitionen wirken sich auf die Kapazität des Unternehmens aus. Im Hinblick auf den **Investitionsbereich** unterscheidet man Sachinvestitionen, Finanzinvestitionen und immaterielle Investitionen:

- **Sachinvestitionen** beziehen sich auf die Beschaffung von Betriebsmitteln wie Grundstücke, Gebäude, Maschinen, Rohstoffe, Betriebsstoffe etc.
- **Finanzinvestitionen** bedeuten den Erwerb von Kapitalbeteiligungen.
- Zu den **immateriellen Investitionen** zählen der Erwerb von Know-how (auch in Form von Patenten und Lizenzen), Sozialinvestitionen (Betriebskindergarten, Kantine) und Bildungsinvestitionen (Schulungen, Fortbildungen). Bei letzteren wird die Verwandtschaft zum Begriff des Humankapitals deutlich.

Hinsichtlich des **Investitionszwecks** unterscheidet man - bezogen auf den 'Lebensweg' eines Unternehmens - Erstinvestitionen (Gründungsinvestitionen) und Folgeinvestitionen. Folgeinvestitionen dienen zum einen der Erhaltung der betrieblichen Kapazität bei Abnutzung und Verschleiß (Ersatzinvestitionen) oder ihrer Veränderung (Erweiterungs-, Umstellungsinvestitionen). Eine nicht ganz eindeutige Zuordnung ergibt sich bei Rationalisierungsinvestitionen, da diese teils Ersatz-, teils Veränderungscharakter haben. Bei der Mittelverwendung sind Investitionsplanung, Investitionsrechnung und Investitionskontrolle zu unterscheiden.

- **Investitionsplanung**

Durch die Investitionsplanung soll die beste Investitionsalternative ausgewählt werden. Dies bedeutet aus ökonomischer Sicht die Alternative mit der höchsten **Gewinnerwartung**. Bei Sachinvestitionen sind dabei **technische Überlegungen** die Grundlage. Die Investitionsplanung umfaßt zum einen die Planung des Investitionsbudgets, zum anderen die Planung der Mittelverwendung im Zeitablauf, und zwar entweder für Einzelprojekte oder für die gesamten Investitionen in einem

Zeitabschnitt. Das Investitionsbudget muß mit der **Finanzplanung** abgestimmt sein.

- **Investitionsrechnung**

Investitionen können mit Hilfe verschiedener Verfahren der **Investitionsrechnung** im Hinblick auf ihre Wirtschaftlichkeit untersucht werden (Wirtschaftlichkeitsrechnung), um den Investitionserfolg vorherzusagen. Dies ermöglicht einen Vergleich zwischen bzw. eine Bewertung von verschiedenen Investitionsalternativen. Je nach Berücksichtigung der zeitlichen Dimension gibt es statische und dynamische Investitionsrechnungen.

Die **statischen Investitionsrechnungen** sind vergleichsweise einfach in der Handhabung und werden daher auch als Praktikerverfahren bezeichnet. Eine **Kostenvergleichsrechnung** vergleicht nur die Kosten der verschiedenen Alternativen. Sie bietet sich beispielsweise bei einer Anschaffung an, bei der ein bestimmter Zweck mit minimalen Kosten erreicht werden soll. Der Schwachpunkt solcher Verfahren ist die Nichtbeachtung der Erlöse, die zur Kostendeckung dienen. Dies hingegen leistet eine **Gewinnvergleichsrechnung**, welche die Kosten den Erträgen (Leistungen) gegenüberstellt. Bezieht man dabei den Gewinn auf das jeweils eingesetzte Kapital, ergibt sich eine **Rentabilitätsvergleichsrechnung**. Eine **Amortisationsrechnung** bezieht als einzige Praktikermethode explizit den Zeitverlauf mit ein, indem die erwarteten Einzahlungen und Auszahlungen gegenübergestellt werden. Durch eine solche „*pay-off*"-Rechnung kann die Periode bestimmt werden, in der die Einzahlungen erstmalig höher sind als die getätigten investitionsbedingten Auszahlungen (auch: *Break-even*-Punkt).

Dynamische Investitionsrechnungen sind finanzmathematische Verfahren. Insbesondere erfassen sie im Gegensatz zu den statischen Verfahren, **Zinseffekte** unter Berücksichtigung der unterschiedlichen Zeitpunkte der Zahlungsströme. Ohne sie hier auszuführen, stehen Methoden zur Auswahl, die sich u.a. auf den Kapitalwert beziehen (Einzahlungen minus Auszahlungen), auf Annuitäten (wenn z.B. aus dem investitionsbedingten Vermögenszuwachs gleichbleibende Beträge für Konsumzwecke entnommen werden sollen) oder auf den internen Zinsfuß, der in etwa der Rendite der Investition entspricht. Dynamische Investitionsrechnungen dienen auch dazu, die optimale Nutzungsdauer zu bestimmen. Dabei ist die technische Nutzungsdauer von der wirtschaftlich sinnvollen Nutzungsdauer zu unterscheiden: Irgendwann kommt der Zeitpunkt, wo es z.B. sinnvoller ist, eine Maschine zu ersetzen, statt sie weiterhin zu warten und zu reparieren. Bei allen diesen Überlegungen sollte man natürlich auch **steuerliche Gesichtspunkte** berücksichtigen. Abgesehen von methodischen (finanzmathematischen) Ansprüchen an die Investitionsplaner stellt sich bei dynamischen Investitionsrechnungen das Problem der **Unsicherheit**, denn sowohl geplante Erlöse als auch Folgekosten und Zinsen können sich anders entwickeln als erwartet. Dies läßt sich u.a. durch die Gewichtung mit Risikofaktoren oder Wahrscheinlichkeiten berücksichtigen, was die Investitionsrechnung jedoch nicht gerade übersichtlicher macht. Daher sind die Praktikerverfahren recht weit verbreitet.

- **Investitionskontrolle**

Wegen der gerade erwähnten Unsicherheiten ist eine Investitionskontrolle erforderlich, die nicht nur einem Soll-Ist-Vergleich dient, sondern im Sinne eines Controlling Entscheidungs- und Durchführungskorrekturen ermöglicht und die zukünftige **Investitionsplanung** verbessert. Dabei ist nicht nur an die monetären Effekte zu denken, sondern auch an die methodischen Aspekte, weil sich auch Erfahrungen ergeben hinsichtlich der Zweckmäßigkeit der angewendeten Investitionsrechnungen.

Da die Finanzierung von Investitionen Zinskosten verursacht, ist es oft sinnvoll, die Investitionsplanung mit der Finanzplanung zu integrieren und eine simultane Investitions- und Finanzplanung vorzunehmen.

8.2. Finanzierung (Kapitalbeschaffung)

Begriffe

Bei der Finanzierung (Kapitalbeschaffung) werden Abgrenzungen nach unterschiedlichen Kriterien vorgenommen. Zum einen wird im Hinblick auf die **Herkunft** des Kapitals üblicherweise zwischen Außen- und Innenfinanzierung unterschieden. **Außenfinanzierung** bedeutet zum einen die Aufbringung von **Eigenkapital** durch Zufuhr von Finanzmitteln durch bisherige Eigentümer (Eigenfinanzierung) oder durch neue Eigentümer (Einlagen- oder Beteiligungsfinanzierung). Je nach Rechtsform kann dies durch Aktien, Erwerb von Gesellschaftsanteilen oder durch Kapitaleinlagen erfolgen. Wichtige Anlässe der Eigenfinanzierung sind die Gründung des Unternehmens, bei der die Eigner Einlagen einbringen, sowie die Kapitalerhöhung durch Einbringung eigener Mittel.

Hinzu kommt das Einbringen von **Fremdkapital** durch Gläubiger (Fremdfinanzierung, Kreditfinanzierung). Dieses kann kurz-, mittel- oder langfristig erfolgen (langfristig u.a. bei der Gründung oder bei Kapitalerhöhung) und verbrieft sein (Aktien, Obligationen, Schuldverschreibungen etc.) oder nicht, wobei bestimmte Papiere handelbar sind, d.h. an der Börse (oder anders) verkauft werden können (Gläubigerwechsel). Die Vielzahl der Fremdkapitalformen verbietet hier eine nähere Darstellung. Sie unterscheiden sich aus der Sicht des kapitalaufnehmenden Unternehmens u.a. hinsichtlich der Kapitalkosten, der steuerlichen Effekte und der Mitspracherechte der Kapitalgeber.

Zur **Innenfinanzierung** zählt man Finanzierungen aus eigengebildeten Mitteln aus dem Unternehmen heraus. Dies bezieht sich zum einen auf einen Zahlungsmittelüberschuß aus dem Umsatzprozeß. Dadurch können aus dem erzielten *Gewinn* Finanzierungen geleistet werden, indem grundsätzlich ausschüttbare Mittel durch Beschluß der zuständigen Organe (z.B. Gesellschafterversammlung, Hauptversammlung) nicht ausgeschüttet werden und im Unternehmen verbleiben (**Selbstfinanzierung**). Zum anderen gehören zur Innenfinanzierung die Finanzierungen aus *Abschreibungsgegenwerten*. Dabei handelt es sich um Mittel, die z.B. im Hinblick auf den Wertverlust von Anlagen angesammelt werden, um daraus in späteren Perioden die Wiederbeschaffung zu finanzieren. Dies wird ergänzt durch *langfristige Rückstellungen*, die für bestimmte, fest umrissene Verwendungszwekke zurückgelegt werden können, beispielsweise für absehbare Pensionszahlungen, die aber bis zum Zeitpunkt der tatsächlichen Auszahlung noch anderweitig verwendet werden können. Auch durch *Vermögensumschichtungen*, d.h. einen Tausch zwischen Positionen auf der Aktivseite der Bilanz wie beispielsweise bei der Veräußerung von Sachvermögen, das in Geldvermögen verwandelt wird, können Mittel zur Innenfinanzierung verwendet werden.

Als **Umfinanzierung** bezeichnet man einen Tausch zwischen Positionen auf der Passivseite der Bilanz, wenn beispielsweise eine Forderung eines Lieferanten durch einen Bankkredit getilgt wird, also nur die Kreditart wechselt. In beiden Fällen handelt es sich um Verbindlichkeiten des Unternehmens.

Zum anderen wird im Hinblick auf die **Rechtsstellung** unterschieden, ob der Kapitalgeber dem Unternehmen angehört (**Eigenkapital**) oder nicht (**Fremdkapital**). Im Mittelpunkt von Forschung und Lehre stehen daher Begriff, Eigenschaften und Funktionen, aber auch Kosten dieser Kapitalarten. Hinsichtlich der Kapitalstruktur, d.h. dem Verhältnis von Eigen- zu Fremdkapital, lassen sich nur wenige generelle Aussagen machen. Wichtige Aspekte sind die steuerlichen Wirkungen, die sich aus Eigen- bzw. Fremdkapital ergeben, sowie die Kreditwürdigkeit, da Fremdkapital bürgerlich mit Schulden übersetzt werden kann. Eine nicht mehr zu bedienende Verschuldung kann zum **Konkurs** des Unternehmens führen.

Bei der Fremdkapitalbeschaffung steht die Unterscheidung zwischen kurz- und langfristigem Kapital im Vordergrund. In den Geld- und Finanzmärkten gelten Laufzeiten bis 12 Monate als kurzfristig, darüber als langfristig (eine allgemeingültige Verwendung von mittelfristig gibt es nicht). Die **kurzfristige Fremdfinanzierung** umfaßt insbesondere Vorauszahlungen und Anzahlungen seitens der Abnehmer sowie Handelskredite (z.B. von Zulieferern) und Bankkredite. Handelskredite *durch* die Lieferanten werden auch als Lieferantenkredite bezeichnet, wodurch sich aber begriffliche Unschärfen ergeben können, weil es auch Kredite *an* die Lieferanten gibt. Sehr üblich ist auch die Wechselfinanzierung, bei der der Gläubiger sich durch Verkauf des Wechsels - meist an eine Bank (Diskontierung) - vor Ablauf der Kreditlaufzeit Liquidität verschaffen kann. Kurzfristig ist auch ein Lombardkredit, der gegen Verpfändung dinglicher Werte (z.B. Wertpapiere, Gold, Waren) gewährt wird.

Zur **langfristigen Fremdfinanzierung** zählen Hypothekarkredite, Schuldscheindarlehen und Anleihen am Kapitalmarkt. Hierbei kommt der Kreditsicherung eine besondere Bedeutung zu. An den Finanzmärkten haben sich zahlreiche **innovative Instrumente** gebildet, wobei die Anleihen oft als Bonds bezeichnet werden, z.B. *Zero-Bonds*, bei denen die Zinsen nicht kontinuierlich, sondern am Ende der Laufzeit ausgezahlt werden, oder *Floating Rates Bonds* mit variablen Zinsen, die meist vierteljährlich angepaßt werden. Neben den nationalen Kapitalmärkten hat der **Euromarkt** große Bedeutung gewonnen. Als Euromarkt bezeichnet man den Markt, auf dem Transaktionen in Währungen außerhalb ihrer Ursprungsländer getätigt werden, also beispielsweise Dollartransaktionen in Luxemburg. Der Begriff ist insofern irreführend, weil sich der Markt weder regional auf Europa begrenzt noch auf europäische Währungen beschränkt ist. Dieser Markt unterliegt keiner Beaufsichtigung durch eine nationale Zentralbank, wodurch ein niedrigeres Zinsniveau als auf den nationalen Märkten möglich wird. Der Euromarkt zeichnet sich dadurch aus, daß auf ihm nur Teilnehmer mit sehr guter („erster") Bonität operieren können.

Auch zur Begrenzung von Zinsänderungs- und Währungsrisiken wurden innovative Instrumente entwickelt. Durch **Caps** werden Höchstzinssätze vereinbart, durch **Floors** Mindestzinssätze. Da hierdurch spekulative Gewinne gemacht werden können, z.B. wenn der tatsächliche Marktzins den Cap übersteigt, sind diese Papiere handelbar. Durch Devisen-Termin-Geschäfte (DTG) können Devisen heute zu einem bestimmten Kurs ge- oder verkauft werden, während die eigentliche Devisentransaktion erst später erfolgt. Beispielsweise kann ein Exporteur, der in drei Monaten Dollars aus dem Exportgeschäft erwartet, diese bereits heute zu einem Kurs in der Nähe des aktuellen Marktkurses (Kassakurs) verkaufen und somit das

Wechselkursrisiko ausschließen. (Hierfür gibt es auch zahlreiche andere Instrumente: u.a. **Swaps, Call-** und **Put-Optionen**; vgl. Kap. 12.)

Als Sonderfälle der Finanzierung werden Factoring und Leasing angesehen. **Factoring** bedeutet den Verkauf von Forderungen an Dritte, so daß dem Unternehmen unmittelbar Kapital zufließt, während die Rechte aus den Forderungen auf den Factor übergehen. Durch **Leasing** können z.B. Maschinen oder Fahrzeuge auf Mietbasis genutzt werden, wodurch weniger Kapital gebunden wird als beim Kauf, d.h., der Leasinggeber übernimmt die eigentliche Finanzierung.

Die Kapitalbeschaffung spiegelt sich bilanztechnisch in der Struktur der Passivseite der **Bilanz** wieder. Diese zeigt, welche Kapitalbeträge dem Unternehmen zur Nutzung überlassen worden sind und in welcher rechtlichen Form (Eigen-, Fremdkapital). Die Kapitalverwendung schlägt sich in der Aktivseite der Bilanz nieder, welche Vermögenswerte in das Unternehmen eingebracht wurden und welche Verwendung die verfügbaren Kapitalpositionen gefunden haben (vgl. auch Kap. 10).

• Finanzplanung

Grundsätzlich ist es für ein Unternehmen lebensnotwendig, daß es ständig zahlungsfähig (liquide) ist, da andernfalls Konkurs angemeldet und das Unternehmen ggf. liquidiert werden muß. Ein wichtiger Aspekt der Finanzplanung ist daher die **Liquiditätsplanung**. Da mit zunehmender Dauer einer Kapitalanlage die Verzinsung steigt, folgt umgekehrt daraus, daß liquide Mittel (Bargeld, Girokonten) eine entsprechend niedrigere oder gar keine Verzinsung aufweisen. Daher muß die Finanzplanung auch die **Zinseffekte** von Guthaben und Schulden berücksichtigen, um eine langfristige Gewinnmaximierung zu ermöglichen.

Ein wichtiger Aspekt ist der **Zeithorizont**. Die langfristige (strategische) Finanzplanung leitet sich ab aus strategischen Grundsatzentscheidungen hinsichtlich der Unternehmenstätigkeit und u.a. der Investitionen. Hieran orientiert sich die mittelfristige Finanzplanung, die üblicherweise einen Zeitraum von 1-5 Jahren umfaßt. Sie definiert bereits Vorgaben hinsichtlich der Kapitalstruktur (Eigen- und Fremdkapital, Innenfinanzierung) und der Fristigkeit (kurz- und langfristiges Fremdkapital). Die kurzfristige Finanzplanung hat insbesondere die Aufgabe, sowohl zuwenig als auch zuviel Liquidität zu vermeiden.

Hinsichtlich der anzustrebenden Kapitalstruktur gibt es verschiedene **Finanzierungsregeln**. *Vertikale* Kapitalstrukturregeln beziehen sich nur auf die Passivseite der Bilanz. Beispielsweise kann ein Verhältnis zwischen Eigen- und Fremdkapital von 1:1 als optimal angesehen werden. Steigende Fremdkapitalquoten (1:2, 1:3

etc.) verschlechtern tendenziell die Kreditwürdigkeit des Unternehmens, denn bei entsprechend solider Eigenkapitalausstattung kann ein Unternehmen Verluste verkraften, ohne seine Zahlungsfähigkeit zu gefährden. *Horizontale* Kapitalstrukturregeln vergleichen die Aktivseite der Bilanz mit der Passivseite. So besagt beispielsweise die „goldene Bilanzregel“, daß die Fristen der Kapitalverfügbarkeit auf der Passivseite mit den Fristen der Mittelverwendung auf der Aktivseite übereinstimmen sollen: Kurzfristige Mittel sollen auch nur kurzfristig verwendet werden; Anlagevermögen und langfristiges Umlaufvermögen sollen durch Eigenkapital und langfristiges Fremdkapital finanziert werden.

9. Marketing

9.1. Abgrenzungen

Das Lehr- und Forschungsgebiet Marketing umfaßt ein weites Managementfeld. Vom Begriff her erklärt es sich zumindest im Ansatz von selbst: Marketing bezieht sich auf Überlegungen und Handlungen, die sich auf den Markt (engl. *market*) beziehen. Dies umfaßt die Erkundung potentieller Märkte, ihre Erschließung durch Ansprache des Kundenpotentials, Gestaltung eines entsprechenden Produktangebots sowie Wahl bestimmter Markteintrittsstrategien (z.B. unabhängig oder in Kooperation mit anderen Unternehmen), die Marktpflege (z.B. durch Information und Service) sowie - überlappend damit - die Markterweiterung durch Gewinnung neuer Kundengruppen. Abstrakter gesprochen umfaßt Marketing Anbahnung, Aufbau und Pflege sowie Abwicklung von Markttransaktionen. Marketing sollte keineswegs gleichgesetzt werden mit Marktforschung. Diese liefert Erkenntnisse über die Struktur der relevanten Märkte bzw. Marktsegmente. Hierfür stehen zahlreiche Instrumente zur Verfügung, die von Stichprobenbefragungen über Panels hin zu elektronischen Verfahren reichen.

Bei näherer Betrachtung ergeben sich Differenzierungen hinsichtlich der Art der zu vermarktenden Güter. Daher unterscheidet man insbesondere **Konsumgütermarketing** (*business-to-consumer marketing*), **Investitionsgütermarketing** (Industriegütermarketing, *business-to-business marketing*), **Handelsmarketing** und **Dienstleistungsmarketing**. In zunehmendem Maße entwickeln auch Institutionen, die keine Unternehmen sind, Marketingkonzepte, beispielsweise Städte und Gemeinden, Sportvereine oder Parteien (***Non-Business***- oder ***Non-Profit*-Mar-**

keting). Bei Betonung von Umweltaspekten spricht man heute von **Ökomarketing**.

Grundsätzlich steht der Kunde als Abnehmer der Produkte im Mittelpunkt. Die Kunden sind der Markt; sie entscheiden über den Erfolg des Unternehmens, und alle Marketingentscheidungen sollten sich hieran orientieren. Nicht selten wird Marketing in der Literatur implizit auch nur als **Absatzmarketing** interpretiert, so daß das **Beschaffungsmarketing** als Spezialgebiet angesehen wird. Es handelt sich dabei um das Managementfeld, auf welchem sich das Unternehmen benötigte Vorleistungen beschafft (Rohstoffe, Vor-, Zwischen- oder Endprodukte). Die ausländischen Beschaffungsmärkte stehen dabei im Wettbewerb mit dem nationalen Markt. In dem Maße, wie die Transparenz der internationalen Märkte zugenommen hat und die Lieferstrukturen dereguliert und liberalisiert wurden, haben auch die grenzüberschreitenden Beschaffungen zugenommen. Im Beschaffungsmarketing ist man daher ständig auf der Suche nach den weltweit günstigsten **Bezugsquellen** (*global sourcing*).

Der Beschaffungsbedarf leitet sich aus vorgelagerten Produktions- und Absatzentscheidungen ab. Aufgabe des Beschaffungsmarketings ist die Analyse, welche Bezugsquellen existieren und ob der potentielle Lieferant die betreffende Ware in gewünschter Qualität und Menge fristgerecht - und oft dauerhaft - liefern kann. Die sinnvollerweise zu erstellenden **Lieferantenprofile** sollten ergänzt werden durch eine Analyse der entsprechenden länderspezifischen Rahmenbedingungen. Beispielsweise kann die absolute unternehmerische Korrektheit eines Lieferanten eingeschränkt werden durch unzuverlässige Transportbedingungen im Lieferland, die der Lieferant nicht beeinflussen kann. Bei der Entscheidung für den Wechsel einer Bezugsquelle muß daher immer abgewogen werden, ob beispielsweise ein Preisvorteil in einem akzeptablen Verhältnis zu den sich ergebenden lieferanten- und länderspezifischen Umstellungsrisiken steht.

Gleichermaßen ist eine Bezugsstruktur mit vielen verschiedenen, insbesondere auch wechselnden Lieferanten, um jeweils Preisvorteile auszunutzen, abzuwägen gegenüber einer stabileren Konzentration auf nur wenige, bekannte Zulieferer. Bei einer zersplitterten Lieferstruktur können die Kostenvorteilen durch erhebliche Risiken beeinträchtigt oder überkompensiert werden. Umgekehrt kann eine differenzierte Lieferstruktur unter dem Aspekt der Risikostreuung wiederum Vorteile bringen.

Neben dem externen Marketing hat sich das **interne Marketing**, d.h. innerhalb des eigenen Unternehmens, zu einem wichtigen Arbeitsfeld entwickelt.

9.2. Entwicklung einer Marketingstrategie

Zunächst ist zu entscheiden, auf welchen Märkten operiert werden soll (Marktauswahl) und wie man in diese Märkte eintreten will (Markteintrittsstrategie). Dabei kann es sich um Märkte in verschiedenen Ländern handeln (vgl. Kap. 10) oder um regionale Teilmärkte innerhalb des eigenen Landes. Darauf aufbauend ist der Einsatz der Marketinginstrumente zu bestimmen. Grundlage einer Marketingstrategie sollte eine umfassende **Situationsanalyse** sein. Sie geht von den Unternehmenszielen und den Grundprinzipien des Unternehmens aus. Dies wird ergänzt durch eine sowohl nach innen als auch nach außen gerichtete **SWOT-Analyse**:

- Darunter versteht man zum einen die Analyse der unternehmensinternen **Stärken und Schwächen** (*strengths and weaknesses*). Diese können sinnvoll nur im Vergleich mit anderen Unternehmen betrachtet werden, wobei sowohl aktuelle als auch potentielle Konkurrenten zu berücksichtigen sind. Solche Analysen sollten möglichst durch externe Fachleute unterstützt werden, weil sie objektiver sind und oft Dinge sehen, für die Unternehmensangehörige betriebsblind geworden sind. Dabei ist der Vergleich mit ausländischen Konkurrenten in neuen Zielmärkten nicht immer leicht durchzuführen.

- Zum anderen müssen die **Chancen und Risiken** (Gefahren) (*opportunities and threats*) analysiert werden, die sich aus dem in- und ausländischen Umfeld ergeben, also unternehmensextern sind, u.a. die Wettbewerbsstruktur oder traditionell und kulturell geprägte Besonderheiten, die beispielsweise für das Beziehungsgeflecht im japanischen Markt typisch sind. Dieser Analysebereich überschneidet sich mit der Auswahl der in Frage kommenden Zielmärkte.

Die Marktauswahl soll das Spektrum der möglichen Teilmärkte auf diejenigen reduzieren, in denen das Unternehmen tätig sein will. Dabei kann es sich sowohl um Ländermärkte als auch innerhalb von Ländern um Regionen oder einzelne Standorte handeln. Allgemein gesehen ist es meist sinnvoller, in wenigen Teilmärkten mit einem stärkeren Engagement vorzugehen als in vielen mit schwächeren Aktivitäten. Dies gilt um so mehr, wenn die Kosten des Markteintritts und der Marktpflege relativ hoch sind und die ausgewählten Zielmärkte hinreichend gute Wachstumschancen bieten. Eine regional breite Diversifizierung macht vor allem dann Sinn, wenn die Marktbedienung mit relativ geringem Aufwand möglich ist.

Die zur Auswahl von Märkten anzustellenden Analysen können leicht sehr umfangreich werden. Die Erhebung eigener Daten (**Primärdaten**) ist für ein einzelnes Unternehmen oft zu umfangreich und zu kostspielig, oft auch nicht möglich.

Schwierig sind beispielsweise umfassende Kundenbefragungen. Daher kann auf **Sekundärquellen** zurückgegriffen werden.

Aus diesen analytischen Grundlagen wird dann ein **Marketingkonzept** entwickelt. Es umfaßt - neben der soeben behandelten Selektion der Zielmärkte - die mit dem internationalen Engagement verbundenen Ziele, die Entscheidung über die Markteintrittsstrategie und die Entscheidungen über die Marketinginstrumente (vgl. Kap. 11). Dabei unterscheidet man meist zwischen einer Basiskonzeption und einer darauf aufbauenden Detailkonzeption. Die Basiskonzeption enthält beispielsweise vereinheitlichende produkt- oder länderübergreifende Vorgaben bezüglich des Designs oder der Werbebotschaften.

9.3. Marketing-Mix

Um Produkte an den Mann zu bringen, sind Aktivitäten erforderlich, die als **Marketinginstrumente** bezeichnet werden. Man unterscheidet üblicherweise vier Instrumente, die man auch als die **vier P** bezeichnet: *product*, *price*, *place* (sinngemäß: Distributionspolitik, wörtlich eher Standort), *promotion* (in etwa: Kommunikationspolitik). In vielen Märkten kommen noch 2 P hinzu: *politics* und *public opinion.* Die vier Marketinginstrumente müssen in einem individuellen **Marketing-Mix** zusammengeführt und aufeinander abgestimmt werden. Bei der Bearbeitung ausländischer Märkte müssen dabei u.a. kulturelle und traditionelle Besonderheiten berücksichtigt werden (interkulturelles Marketing; vgl. Kap. 10).

9.3.1. Produkt- und Programmpolitik

Die **Produkt- und Programmpolitik** bezieht sich auf die Art der anzubietenden Güter, u.a. hinsichtlich Produktdifferenzierungen, der Sortimentspolitik, der Markenpolitik (Markennamen, Markenzeichen), der Verpackung und des Service. Bei der Produktanpassung für verschiedene Länder kann man beispielsweise Formen, Farben oder den Geschmack verändern: Pulverkaffee hat in Deutschland, Frankreich oder den USA unterschiedlichen Geschmack; grüne Kühlschränke verkaufen sich in China besser als weiße, weil Weiß in China eine Trauerfarbe ist.

Bei vollständiger **Standardisierung** sind die Eigenschaften des Produktes auf allen Absatzmärkten gleich und werden von den Abnehmern weitgehend gleich beurteilt. In diesen Fällen wird global ein vereinheitlichter Marketing-Mix durchgeführt. Aber auch dabei gibt es Nuancen: Coca-Cola ist beispielsweise je nach Zielland unterschiedlich gesüßt; die Autofirmen müssen unterschiedliche Ausstattungsvorschriften berücksichtigen (vgl. Kap. 10).

Je differenzierter die Produktpalette ist, desto unübersichtlicher wird sie auch. Manche Unternehmen verwenden für dieselben Produkte verschiedene Namen in den einzelnen Märkten, was aus sprachlichen Gründen nachvollziehbar ist. Teilweise unterscheiden sich auch die Produktzusammensetzungen aus ästhetischen oder rechtlichen Gründen (unzulässige Komponenten, z.B. bei Kosmetika oder Arzneimitteln).

9.3.2. Kontrahierungspolitik

Zur **Kontrahierungspolitik** zählen die **Preispolitik** und die **Konditionenpolitik** (Rabatte, Skonti, Gewährleistungen, allgemeiner Service etc.).

Der Produktpreis ist - neben dem optischen Erscheinungsbild - das auffälligste Merkmal des Produkts. Daher kommt der Preispolitik im Konzert mit den anderen Marketinginstrumenten eine sehr wichtige Bedeutung zu. Grundsätzlich hat der Kunde meist eine subjektive Vorstellung vom Preis-Leistungs-Verhältnis. Grundsätzlich ist es wichtig, welchen Preis der Kunde akzeptiert, und dies hängt von einer Vielzahl von Faktoren ab. Allgemein ist zu unterscheiden zwischen der Preisfindung bei Einzel- und Auftragsfertigung, oft im Rahmen von Ausschreibungen oder bei individuellen Preisverhandlungen, und der Preissetzung für einen anonymen Verkauf bis hin zum Massengeschäft, von welchem wir zunächst ausgehen. Neben der Preishöhe sind auch die Zahlungskonditionen oder Serviceleistungen für die Preisakzeptanz wichtige Aspekte.

- **Preisstrategien**

Im Massengeschäft sind Erfahrung, Ausprobieren oder auch Befragung möglich. Grundsätzlich sollen Preise angeboten werden, die zu Käufen führen. Dabei müssen die Erlöse langfristig alle Kosten, d.h. **Fixkosten** und **proportionale Kosten**, sowie einen als angemessen erachteten **Gewinn** abdecken. Die Preisbildung ist aber vorrangig kein mathematisch-rechnerisches, sondern ein politisches Problem. Verschiedene **Einflußgrößen** sind zu berücksichtigen:

- Auftragsbestand, Beschäftigungssituation, Kapazitätsauslastung,
- die eigene Stellung und Macht am Markt,
- die grundsätzlich Preisstrategie sowie
- das Interesse am Kunden.

Viele Unternehmen berücksichtigen diese Unsicherheiten durch Risikozuschläge, kalkulieren sich dabei aber auch leicht aus dem Markt. Allgemein gibt es kostenorientierte und käuferorientierte Preisstrategien. Bei *kostenorientierten Preisstrategien* steht das Ziel im Vordergrund, die Kosten zu decken. Dabei kann sich zum einen ergeben, daß der so gefundene Preis aus der Sicht des Kunden zu hoch ist und es nicht zum Abschluß kommt, zum anderen wird eine möglicherweise höhere Zahlungsbereitschaft des Kunden nicht ausgeschöpft. Bei kunden- bzw. *nachfrageorientierten Preisstrategien* hingegen steht gerade die Zahlungsbereitschaft des Kunden im Vordergrund, wobei unter Umständen auch ein Abschluß zu nichtkostendeckenden Preisen zustande kommt. Im Massengeschäft dominieren kostenorientierte, im Einzelgeschäft kundenorientierte Preisfindungsmethoden.

Eine **Hochpreisstrategie** wird auch als **Abschöpfungsstrategie** (*Skimming*) bezeichnet. Dabei zielt man auf kaufkräftige Marktsegmente, die breit sind, für gute und bessere Qualität entsprechend hohe Preise zu zahlen (**Preisführerschaft**). Da der Umsatz das Produkt aus Absatzmenge und Preis ist, werden bei einer Hochpreisstrategie tendenziell kleinere Absatzmengen anvisiert als bei einer Niedrigpreisstrategie, die zwar pro Stück weniger Gewinn bringt, aufgrund großer Absatzzahlen aber dennoch einen entsprechenden Umsatz ermöglicht. Zunächst wird ein hoher Preis verlangt, der mit der Zeit zurückgenommen werden kann. Diese Strategie läßt sich vor allem dann durchführen, wenn bei den Produkten ein hoher Neuheits- oder Prestigewert besteht (Luxusgüter) oder nur eine geringe Konkurrenz herrscht. Ziel ist dabei, zunächst die zahlungsbereiten Kunden und später durch Preissenkungen die übrigen Käuferschichten nach und nach 'von oben nach unten' abzuschöpfen. Die Kosten der Produktentwicklung und der Produktionsanlagen amortisieren sich durch den hohen Anfangspreis sehr schnell.

Grundsätzlich sind Hochpreisstrategien riskant. Gerade in den *emerging markets*, den neuen Märkten in Osteuropa, Ostasien und Südostasien, besteht die Gefahr des *outpacing:* Durch die hohe Gewinnerzielung werden möglicherweise Konkurrenten angelockt, die teilweise eine rigorose Niedrigpreispolitik betreiben, um zunächst einmal Fuß zu fassen, so daß man leicht überholt wird.

Ganz anders verläuft die Markteroberung bei der **Penetrationsstrategie**. Hier wird der Einführungspreis bewußt sehr niedrig angesetzt, damit eine möglichst schnelle Marktdurchdringung gelingt und Marktsegmente besetzt werden (**Niedrigpreisstrategie**). Die Produktionskosten werden dabei bei niedrigem Stückgewinn durch hohe Absatzmengen verdient, wobei durchaus auch für eine Übergangszeit Kostenunterdeckungen, d.h. Verluste, in Kauf genommen werden. Ziel dieser Strategie ist, zum einen, das Risiko eines Fehlschlages zu reduzieren, und zum anderen, durch die zunächst geringen Gewinnmöglichkeiten potentielle Mitanbieter vom

Marktzutritt abzuhalten. Statt so gut wie möglich werden Produkte nach der Devise so gut wie nötig konstruiert. Es wird nicht die technisch, sondern die wirtschaftlich beste Lösung angestrebt (**Kostenführerschaft**). Im Anlagenbau z.B. wird ein Teil so konstruiert, daß der Gesamtschaden, der bei seinem Ausfall durch Gewährleistung oder Schadenersatz entsteht, kleiner ist als der Mehraufwand für ein dauerhafteres Teil. Zu einem späteren Zeitpunkt wird der Preis für das Produkt dann erhöht, um so höhere Gewinne zu erzielen.

Im Vergleich zu der Skimming-Strategie dauert die **Amortisation** einer Investition bei der Penetrationsstrategie relativ lange. Zudem besteht die Gefahr, daß die Konsumenten nicht bereit sind, die spätere Preiserhöhung zu akzeptieren. In der Praxis findet man die Penetrationsstrategie vor allem auf Massenmärkten für Verbrauchsgüter. Die Realisierbarkeit einer Preisstrategie hängt auch von der Produktart ab: Beispielsweise dürfte es schwieriger sein, bei Bananen eine Hochpreisstrategie zu verfolgen als bei Luxusarmbanduhren.

- **Preisstrategien bei Einzelaufträgen**

Bei Einzelaufträgen, nicht selten im Rahmen von Ausschreibungen, steigt die Wahrscheinlichkeit, den Zuschlag zu erhalten, natürlich mit der Attraktivität des Angebotspreises. Berücksichtigt man alle Eventualitäten und Risiken in der Preiskalkulation, hat man sich schnell 'herauskalkuliert'. Es hängt wieder von der Strategie bzw. hier präziser: von der Taktik ab, ob man einen Auftrag auch dann akzeptiert, wenn er nicht die Vollkosten deckt, sondern - für sich gesehen - einen **Verlust** bringt. Dadurch wurde jedoch vielleicht ein Kunde gewonnen, dessen Anschlußaufträge den entgangenen Gewinn wieder wettmachen. Zudem wird oft übersehen, daß auch ein solcher Auftrag zur Deckung der Fixkosten beiträgt, solange der Deckungsbeitrag positiv ist. Daher bietet es sich an, in Preisverhandlungen mit Einzelkunden einen Verhandlungsspielraum zu haben, ggf. sogar unter Inkaufnehmen von Kostenunterdeckungen, um den Kunden zu gewinnen und vielleicht in Anschlußgeschäften diese Erstverluste wieder aufzuholen.

- **Konditionenpolitik**

Die Preispolitik faßt man mit der **Konditionenpolitik** (Rabatte, Skonti, Gewährleistungen, Service etc.) zur **Kontrahierungspolitik** zusammen; man kann durchaus auch die **Zahlungs-** und **Lieferbedingungen** hierzu zählen (vgl. Kap. 10). Für den Verkäufer ungünstige, weil kostenträchtige Konditionen wirken sich oft in höheren Angebotspreisen aus, während umgekehrt für den Verkäufer günstige Konditionen auch eine attraktivere Preisstellung begünstigen. Als zu hoch empfundene Preise können relativiert werden durch attraktive Zahlungsziele oder durch

Beigaben wie z.B. Software oder Service. Die Zulässigkeit der Gewährung von **Rabatten** und Zugaben wird international recht unterschiedlich gehandhabt und muß ebenso wie die von **Sonderverkäufen** (u.a. Schluß-, Räumungs-, Jubiläumsverkäufe) nach dem jeweiligen nationalen Recht geprüft werden. Die Kombination von Preis und Konditionen ist für den Außenstehenden meist nicht transparent und erschwert daher für den Kunden einen Marktüberblick.

Je stärker der Kunde auf das Produkt eingeschworen ist und sich auch emotional mit dem Produkt verbunden fühlt, desto eher wird er höhere Preise akzeptieren. Fehlt diese Bindung, wird er sich sehr schnell einem etwas billigeren Konkurrenzprodukt zuwenden. Das *Relationship-Marketing* zur Herstellung und Festigung sozialer und emotionaler Bindungen kann in Auslandsmärkten in der Regel nicht mit dem im Inland erprobten Marketingmix erreicht werden. Je breiter das Auslandsengagement gestreut ist, desto schwieriger wird es, die Kundenbeziehungen zu pflegen. Insbesondere kleinere Unternehmen können hier sehr schnell an entsprechende Kapazitätsgrenzen stoßen.

9.3.3. Distributionspolitik, Vertrieb, Logistik

Zur **Distributionspolitik** (Vertrieb) zählen die Wahl der Absatzwege sowie die Anwerbung und Auswahl von Absatzmittlern (z.B. Handelsvertretern). Die Distribution hat die Aufgabe, die Produkte physisch zum Kunden zu bringen. Je differenzierter die Produktions- und Vertriebsstruktur geographisch ist, desto komplexer sind die logistischen Distributionsprobleme. Grundsätzlich stehen distributionspolitisch und logistisch die Aspekte **Zeit** (Geschwindigkeit) und **Kosten** sowie Kontrolle, Steuerung und Sicherheit im Vordergrund. Innerhalb der Distributionspolitik unterscheidet man die Vertriebspolitik (Absatzwege, Absatzmittler, Marketinglogistik bezüglich Lagern, Transportmitteln, Transportwegen) und die Verkaufspolitik. Für die **Vertriebspolitik** stehen zahlreiche Möglichkeiten des ein- oder mehrstufigen, ein- oder mehrgleisigen oder des direkten und indirekten Vertriebs zur Auswahl, je nachdem, ob Zwischenhändler oder Makler eingeschaltet oder verschiedene Vertriebswege verwendet werden.

Im Zentrum der **Verkaufspolitik** steht der direkte Kontakt zwischen Verkäufer und Kunden, so daß sowohl methodische (instrumentale) als auch persönliche Aspekte eine Rolle spielen. Der fachlichen und persönlichen Qualifikation der Kundenbetreuer und des Verkaufspersonals kommt dabei große Bedeutung zu. Sehr oft ist der direkte und stabile Kundenkontakt unabdingbar für Verkaufsabschlüsse. Bei wichtigen Kunden erfolgt oft eine kundenorientierte Vertriebsorganisation (***key-account*-Management**), bei der das Management aller relevanten Funktionen und der Vertrieb der Produkte für den speziellen Abnehmer in einer

Hand liegen. Dadurch können die kundenspezifischen und die landesspezifischen Besonderheiten effizienter berücksichtigt werden.

Logistische Leistungen lassen sich meist effizienter einkaufen als selbst gestalten (*outsourcing*). Externe Dienstleister übernehmen dabei sowohl absatz- als auch beschaffungslogistische Dienstleistungen, die auch Lagermanagement, Bestellabwicklung und Fakturierung umfassen können und somit dem Kunden eine umfassende Abdeckung seiner Logistikbedürfnisse anbieten (*one-stop-shopping*). Eine solche Integration unternehmensexterner Vertriebsstrukturen in die Prozeßketten der Wertschöpfung (*supply chain management*) verringert die Notwendigkeit eigener Investitionen, erhöht jedoch die Steuerungsrisiken und die Notwendigkeit der Koordinierung und Information.

Gleichzeitig erhöhen sich mit jeder zusätzlichen Distributionsstufe die **Kosten**. Dadurch kann eine grundsätzlich verfolgte Niedrigpreispolitik gefährdet werden, wenn die Zuschläge von den Zwischenhändlern nicht vom Hersteller kontrolliert werden können. Problematisch kann auch sein, wenn nicht-autorisierte Abnehmer von den Zwischenstufen bedient werden und ggf. graue Märkte entstehen, die sich der Kontrolle des Hersteller entziehen, oder wenn die Produktqualität durch Manipulationen oder Serviceprobleme beeinträchtigt wird.

9.3.4. Kommunikationspolitik

Die Kommunikationspolitik umfaßt u.a. die Bereiche der Produktwerbung, *Sales Promotion*, *Public Relations*, Messemarketing, *Sponsoring* (von Sport-, Kultur- oder Umweltveranstaltungen) sowie *Product Placement* (z.B. im Film und im Fernsehen). In instrumentaler Hinsicht sind persönliche und nicht-persönliche Kommunikation zu unterscheiden. Nicht-persönliche Kommunikation findet im Massengeschäft, beispielsweise im Konsumgüterbereich, insbesondere in den Medien statt; ein neuer, wichtiger Bereich ist dabei das **Internet**. Im persönlichen Kontakt mit Partnern und Kunden stellen sich hohe Anforderungen bezüglich fachlicher (in zunehmendem Maße sowohl betriebswirtschaftlicher als auch technischer und persönlicher) Kompetenzen. Persönliche Kommunikation überwiegt im *business-to-business*-Marketing (Investitionsgüter, Dienstleistungen) und ist in vielen Kulturkreisen eine unabdingbare Säule der Kundenbeziehungen. In einigen Branchen (u.a. Versicherungen, Zeitschriftenverlage, Finanzdienstleistungen) hat sich das **Direktmarketing** stark verbreitet, bei dem potentielle Kunden per Telefon direkt angesprochen werden.

10. Internationales und interkulturelles Management (Außenwirtschaft)

An den meisten Hochschulen existiert ein Forschungs- und Lehrschwerpunkt, der traditionell als **Außenwirtschaft**, heute zunehmend als **internationales und interkulturelles Management** bezeichnet wird. Die Interpretation, was fachlich dazu gehören sollte, ist sehr uneinheitlich. An Universitäten wird der Bereich tendenziell volkswirtschaftlicher und nicht selten sehr theoretisch aufgefaßt, während bei Fachhochschulen ein betriebswirtschaftlicher und praxisnaher Ansatz vorherrscht. Da wir uns hier nur mit der BWL befassen, wird zunächst der Aspekt des Managements vertieft und weiter unten u.a. durch einige Beispiele ergänzt, die für die Abwicklung des Außenhandels von Bedeutung sind.

10.1. Internationales Management

Internationales Management ist ein Oberbegriff, der verschiedene Schwerpunkte umfassen kann. In den Lehrangeboten der Hochschulen werden diese sowohl als internationale Facette im Zusammenhang mit den traditionellen fachlichen Schwerpunkten behandelt (beispielsweise „internationale Aspekte des Rechnungswesens" im Rahmen einer normalen Veranstaltung über betriebliches Rechnungswesen) oder insgesamt unter dem internationalen Aspekt zusammengefaßt, so wie es beispielsweise in einem Studiengang „Internationales Management" erfolgt. Hochschulen mit ausgeprägten internationalen Schwerpunkten neigen zu einem eigenständigen internationalen Lehr- und Forschungsangebot, andere Hochschulen bevorzugen den in die Sachgebiete integrierten Ansatz.

Das internationale Management hat eine sehr große Schnittmenge mit dem Management von Unternehmen, die nur im eigenen Land tätig sind, aber es kommen viele Aspekte hinzu, die sich wiederfinden im unternehmerischen Zielsystem, in der Führungsstruktur, in den Unternehmensstrategien und in der operativen Umsetzung. Viele Fachvertreter ziehen die Bezeichnung **transnational** dem Begriff **international** vor, aber der Unterschied ist vorrangig nur sprachlicher Natur: Transnational bedeutet sinngemäß über die nationale Grenze hinweg; international wird häufig so verstanden, daß von mehr als zwei Ländern die Rede ist. Faktisch sind beide Begriffe als synonym anzusehen.

10.2. Push- und Pull-Faktoren der Internationalisierung

Im Zuge der Globalisierung sind viele Unternehmen international tätig geworden. Einige gehen von sich aus auf ausländische Märkte, suchen aktiv nach neuen Chancen, andere reagieren eher unfreiwillig und meist auch zögerlich. Dabei ist zwischen Schub- und Sog-Faktoren zu unterscheiden:

Zu den **Schub-Faktoren** (push-Faktoren) zählen solche, die ein Unternehmen ins Ausland drängen, beispielsweise ein Anstieg der Produktionskosten im eigenen Land, der das Unternehmen aus dem Markt kippen würde. Dann bietet sich oft eine Verlagerung von Produktionskapazitäten in Billiglohnländer an. Dies ist nicht nur in der Textil-, Leder- oder Elektroindustrie zu beobachten, sondern in zunehmendem Maße auch bei Computersoftware, wobei sich besonders Indien einen Namen gemacht hat. Hinzu kommt oft der Gesichtspunkt der Risikostreuung.

Die Schub-Faktoren sind daher nicht immer deutlich von den **Sog-Faktoren** (pull-Faktoren) zu trennen, die ein Unternehmen ins Ausland ziehen, denn hohe Produktionskosten zu Hause sind ein Schubfaktor, niedrige Produktionskosten im Ausland sind ein Sogfaktor. Zu den Sogfaktoren gehören auch Marktchancen in neuen Märkten, wie z.B. China, Indien oder in zunehmendem Maße Lateinamerika. Viele Unternehmen gehen daher in neue Märkte, um Umsatzprobleme in Europa zu kompensieren oder um zu expandieren, andere folgen ihren Konkurrenten, die sie sonst vielleicht überholen und abhängen würden (outpacing). Als Sogfaktor ist auch anzusehen, wenn Zulieferer mit wichtigen Abnehmern mitgehen müssen, beispielsweise die Zulieferer der Autohersteller, die in die USA oder nach Brasilien gegangen sind (u.a. Daimler Benz, BMW, VW).

Daher sehen auch Unternehmen, die noch vor wenigen Jahren nicht daran gedacht haben, heute die Notwendigkeit, sich zu internationalisieren. Je mehr sich ein Unternehmen in ausländische Märkte einbindet, desto wichtiger wird es, die ausländischen Gegebenheiten zu berücksichtigen, u.a. bezüglich des Handels-, Wettbewerbs-, Arbeits- und Steuerrechts. Von besonderer Bedeutung sind dabei die jeweiligen Investitions- und Investitionsschutzgesetze des Ziellandes, welche sich u.a. auf die Zulässigkeit von Kapital- und Gewinntransfers und Entschädigungen bei Enteignungen beziehen.

10.3. Marktauswahl

Märkte lassen sich in drei Gruppen unterteilen:

- *Erschlossene Märkte* sind solche, auf denen das Unternehmen bereits tätig ist.
- Als *verwandte Märkte* bezeichnet man solche, die in der Bedarfs- und Abnehmerstruktur Ähnlichkeiten mit den erschlossenen Märkten aufweisen. Ein verwandter Markt wäre für ein deutsches Unternehmen beispielsweise Österreich oder die Niederlande.
- Zu den *fremden Märkten* zählen die übrigen Staaten, deren Märkte sich erheblich von den heimischen unterscheiden.

Während für viele Unternehmen in der Vergangenheit überwiegend Staaten der ersten beiden Kategorien als Handelspartner im Vordergrund standen, rücken zunehmend Länder der dritten Kategorie in das Blickfeld wirtschaftlicher Interessen.

Potentielle Märkte sollten nach drei zentralen Kriterien betrachtet werden: Marktattraktivität, Wettbewerbsvorteile, Risiken. Dabei bietet es sich an, zunächst eine Grobanalyse vorzunehmen, um die Spreu vom Weizen zu trennen. Die verbleibenden Märkte werden danach einer intensiveren Feinanalyse unterzogen, bei der die konkreten sektorspezifischen Marktchancen im Mittelpunkt stehen.

- **Grobanalyse**

Manchmal ergeben sich individuelle Präferenzen für bestimmte Märkte und Geschäftskontakte aufgrund zufälliger Kontakte. Umgekehrt scheiden einige Märkte möglicherweise von vornherein aus, beispielsweise aus sprachlichen oder ideologischen Gründen, andere wiederum, weil bestimmte Mindestbedingungen nicht erfüllt sind (beispielsweise eine hinreichende Infrastruktur).

In der Praxis bietet es sich an, die Analyse der grundsätzlich alternativ in Frage kommenden Märkte nicht bis zu hoher Vollkommenheit voranzutreiben, wenn man sich in der Feinanalyse noch nicht mit den Gegebenheiten des spezifischen Sektormarktes vertraut gemacht hat. Wahrscheinlich wird man zunächst einen tendenziellen Eindruck gewinnen, dann möglicherweise die produktspezifischen Marktchancen untersuchen und dies durch eine Analyse von Details der spezifischen Rahmenbedingungen abrunden. Die Einteilung in Grob- und Feinanalyse ist also nicht unbedingt chronologisch zu verstehen.

- **Sektorale Feinanalyse**

Vor dem Hintergrund der allgemeinen Marktbeurteilung muß der produktspezifische Markt im Hinblick auf seine Marktattraktivität analysiert werden. Dies überschneidet sich mit der OT-Komponente der in Kap. 9 skizzierten SWOT-Analyse. Hierzu zählen Aspekte wie das aktuelle und potentielle Marktvolumen (wobei der Seriosität von Schätzungen besondere Aufmerksamkeit zu widmen ist), die Struktur des Kundenpotentials (demographische, soziographische, kulturelle und andere zu beachtende Besonderheiten der Abnehmerstruktur), die Wettbewerbsstruktur (Zahl, Größe, Marktanteil von aktuellen und potentiellen Konkurrenten; Markterfolge locken oft Mitbewerber an), Markteintrittsbarrieren (z.B. Besonderheiten im Handelsvertreterrecht, Niederlassungsbeschänkungen, usw.).

Aus diesen Untersuchungen sollten die produktspezifischen Chancen und Risiken des betreffenden Zielmarktes abgeleitet werden, sowohl bezüglich der Eignung des Produkts im Hinblick auf die Nachfragestruktur als auch bezüglich der Durchsetzbarkeit gegenüber Konkurrenzanbietern. Kriterien dabei sind beispielsweise die Kosten, Preise und Handelsspannen im Vergleich zu Konkurrenzangeboten und die güterbezogenen Nutzenunterschiede aus der Sicht der Abnehmer. Um den Überblick zu verbessern, sollten die Chancen und Risiken (Vor- und Nachteile) explizit gegenübergestellt werden, um sozusagen den Nettoeffekt herauszuarbeiten. Dies kann natürlich nicht im strengen Wortsinn geschehen, weil dies an der mangelnden Quantifizierbarkeit von Chancen und Risiken scheitern dürfte. Aber auch aus einem mehr qualitativ definierten Überblick kann sich eine solide Einschätzung ableiten lassen.

Unabhängig davon sollte eine quantitative Prognose der Rentabilität des geplanten Engagements aufgestellt werden. Hierbei kann man - auf der Basis der geschätzten Umsätze, Kosten und Gewinne - durchaus eine Plan-Deckungsbeitragsrechnung erstellen, weil der anvisierte Markt grundsätzlich im Kontext mit den anderen vom Unternehmen bearbeiteten Märkte gesehen werden sollte. Sofern mehrere Märkte gleichzeitig analysiert werden, läßt sich hieraus eine Attraktivitätshierarchie ableiten. Die Treffsicherheit bei der Schätzung von Kosten korreliert dabei deutlich mit der Vertrautheit mit dem betreffenden Markt. Ungewohnte und unbekannte Märkte bergen daher beachtliche Planungsrisiken in sich.

- **Strategievarianten**

Oft wird eine **Wasserfallstrategie** verfolgt, indem man neben dem heimischen Markt (Deutschland) zunächst auf bekannte, ähnliche Märkte vordringt (Österreich, Schweiz, Niederlande), dann nach und nach auch andere europäische

Länder erschließt (Großbritannien, Frankreich, Italien, Spanien) und schließlich entferntere Märkte bedient (USA, China), d.h. den Weltmarkt nach und nach aufrollt. Der Wasserfall kann auch innerhalb eines Landes angewendet werden, indem man zunächst das lokale Umfeld bedient und dann andere Regionen erschließt; einige Biermarken sind so plaziert worden. Viele Unternehmen beschränken sich zunächst auf ihre Nachbarländer oder verwandte Märkte (Großbritannien/USA, oder Skandinavien), weil sie diese Länder gut kennen und mit ihnen in jeder Hinsicht vertraut sind. Die Gefahr besteht dabei, daß man die dennoch vorhandenen feinen Unterschiede nicht entsprechend berücksichtigt.

Eine Wasserfallstrategie kann nur bei relativ langen Produktzyklen realisiert werden. Bei kürzeren Zyklen wird daher oft eine **Sprinklerstrategie** verfolgt: Ein Produkt wird gleichzeitig und parallel in unterschiedlichen Märkten eingeführt, bevorzugt in der sog. Triade (Europa, Nordamerika, Japan/Ostasien), um global präsent zu sein. So gelang es beispielsweise, das Videosystem VHS gegenüber technisch überlegenen Systemen durchzusetzen und zu behaupten. Durch eine Sprinklerstrategie wird das Risiko der Abhängigkeit von einzelnen Märkten verringert. Bei **standardisierten Produkten** bietet eine global ausgerichtete Markterschließungsstrategie nach dem Sprinklerprinzip Kostenvorteile, da Forschungs- und Entwicklungskosten reduziert werden und man sich mit weniger Einführungs- oder Promotionkampagnen begnügen kann. Zudem beginnen die Produktzyklen in allen Märkten gleichzeitig, verlaufen allerdings nicht unbedingt parallel, weil dies von verschiedenen Faktoren unterschiedlich beeinflußt wird (Konsumgewohnheiten, Wettbewerbsstruktur). Bei globaler Markteinführung kann die Sicherung von **Schutzrechten** (Markenname, Patente) ein nicht unerhebliches Problem darstellen.

10.4. Eintrittsstrategien für Auslandsmärkte

Die Markteintrittsstrategien unterscheiden sich im Hinblick auf die **Intensität** des erforderlichen Engagements und hinsichtlich des damit verbundenen Risikos. Die wichtigsten Alternativen sind die folgenden.

- **Direkter und indirekter Export bzw. Import**

Wer mit seinem ausländischen Partner selbst in direkter Beziehung steht, betreibt **direkten** Import oder Export. Statt dessen kann man auch Zwischenhändler einbeziehen, z.B. einen Makler oder Agenten im Exportland, der vor Ort die Kundenbeziehungen pflegt und den Vertrieb der Exportgüter organisiert. Analog kann man auf der Importseite einen Zwischenhändler einbauen, der beispielsweise die Waren im Importland bis zum endgültigen Verkauf in einem Zollager betreut, so daß noch keine Zölle zu bezahlen sind. Solche indirekten Konstruktionen haben den Vorteil, daß man Spezialisten einschalten kann, und den Nachteil, daß jede Zwischenebene zusätzliche Kosten verursacht.

- **Auftragsproduktion und Lizenzfertigung**

Bei einer **Auftragsproduktion** wird einem im Zielland ansässigen Unternehmen ein Produktionsauftrag gegeben, wobei die produzierten Waren entweder im Zielland verkauft oder exportiert werden. Im Rahmen einer **passiven Veredelung** werden beispielsweise Stoffe aus Deutschland in Hongkong zu Hemden verarbeitet und anschließend wieder nach Deutschland zurückgebracht. Bei Lizenzfertigung darf der Produzent Patente oder Markenzeichen seines Partners verwenden. Der Lizenzgeber kassiert dafür eine Gebühr, der Lizenznehmer profitiert vom entsprechenden Know-how.

- **Joint Ventures**

Eine wichtige Form zur Erschließung ausländischer Märkte sind *Joint Ventures*, die bereits in Abschn. 3.4 besprochen wurden.

- **Direktinvestitionen**

Obgleich Joint Ventures im Grunde genommen auch dazu gehören, bezieht man den Begriff Direktinvestition meist auf den teilweisen oder vollständigen Erwerb von bestehenden Unternehmen im Ausland (**Akquisition**) oder auf die **Neugründung** z.B. von Tochtergesellschaften. Je nach dem Grad der Beteiligung muß sich der Erwerber logischerweise mehr oder weniger stark mit einem Partner auseinandersetzen, bei einer 100%-'Beteiligung' offensichtlich gar nicht. Beteiligung von weniger als 25% gelten als reine Finanzanlagen (**Portfolio**-Investition) und nicht als Direktinvestition mit eigenen Managementabsichten. Vgl. auch Kap. 3.

10.5. Entwicklung transnationaler Führungsstrukturen

Für das Management von Auslandsengagements müssen entsprechende Führungsstrukturen entwickelt werden. Aufbau und Management internationaler (synonym: transnationaler) Führungsstrukturen weisen sehr viele **Gemeinsamkeiten** mit dem Management nationaler Führungsstrukturen auf, aber auch wichtige

Unterschiede. Die Notwendigkeit, spezifische Führungsstrukturen zu entwickeln, hängt von der Intensität der Internationalisierung ab. Hier gilt das Prinzip „Die Struktur folgt der Strategie": Erst wenn sich ein Unternehmen grundsätzlich für eine Markteintritts- und Marktbearbeitungsstrategie entschieden hat, muß man sich um die entsprechenden Führungsstrukturen Gedanken machen. Dabei sollte als Grundsatz gelten: So einfach wie möglich, so komplex wie nötig. Die auf das Inland und auf das Ausland gerichteten Strukturen müssen zwar nicht identisch, aber zumindest miteinander kompatibel sein.

In vielen Unternehmen vollzieht sich die Internationalisierung graduell; nur wenige machen einen 'revolutionären Sprung'. Eine vorsichtige Ausweitung der Inlandsaktivitäten auf das Ausland ist vor allem in kleinen und mittleren Unternehmen (KMU) fast als **Standardstrategie** anzusehen. Natürlich kann man nicht verallgemeinern, da branchenmäßig und unternehmensspezifisch sehr viele Unterschiede bestehen, beispielsweise zwischen Unternehmen, die nur im Handel und solchen, die auch in der Fertigung tätig sind. Vor allem in mittelständischen Unternehmen entwickeln sich die internationalen Beziehungen meist über Export- oder Importgeschäfte, die **vom Inland** aus abgewickelt werden (direkter Export oder Import). Sofern nur gelegentliche, sporadische Exportvorgänge auftreten, werden diese von den entsprechenden Organisationseinheiten im Unternehmen 'nebenbei' mit abgewickelt.

Bei größerem Aktionsvolumen wird oft eine Export-, Import- oder **Auslandsabteilung** eingerichtet, die für Einfuhrabwicklung bzw. Vertrieb zuständig ist und bei Bedarf externe Spezialisten mit einschaltet, u.a. für die zollrechtliche Behandlung oder die Spedition. Die übrigen kaufmännischen Belange (Vertragsgestaltung, Zahlungsverkehr etc.) werden von den auch sonst zuständigen Organisationseinheiten mit betreut. Erst von bestimmten Schwellenwerten an besteht die Notwendigkeit, spezifischere Führungstrukturen zu entwickeln, weil die Entscheidungsparameter zunehmen und komplexer werden, dadurch auch größere, zumindest andere Risiken entstehen und weil spezifische Kompetenzen erforderlich sind, insbesondere, wenn das Auslandsengagement auch eine eigene Präsenz 'vor Ort' umfaßt.

In der Praxis sind bei international tätigen Unternehmen **zwei Tendenzen** festzustellen:

1. In den meisten transnationalen Unternehmen ergeben sich - unabhängig von einer divisionalen oder funktionalen Grundstruktur (vgl. Kap. 7) - besondere **regionale Zuständigkeiten**, d.h. daß in die Grundstruktur jeweils 'geographische' Ebenen eingezogen werden. Dann gibt es beispielsweise den Produktmanager Haushaltsgeräte für Südostasien neben dem für das Inland oder

für andere Regionen. Dies begünstigt auch die Betreuung heterogener, d.h. länderspezifischer Produktvarianten.

2. Es besteht zudem eine Abkehr von großen Unternehmensbereichen und eine Tendenz hin zur Dezentralisierung durch Schaffung von regionalen **Profit Centers** im Ausland, also faktisch 'Unternehmen im Unternehmen', in großem Stil beispielsweise VW/USA oder Bayer/Argentinien, in kleinerer Dimension z.B. eine ausgelagerte Produktion eines deutschen Getriebeherstellers für Baumaschinen in China.

10.6. Interkulturelle Aspekte

Für Unternehmen mit internationalen Geschäftsbeziehungen ergeben sich Probleme, denen sich rein national (lokal) operierende Unternehmen nicht gegenübersehen. Viele Aspekte sind denen des 'normalen' Management und Marketing sehr ähnlich.

Die Markteintrittsstrategien sowie das Management des Auslandsengagements unterscheiden sich jedoch meist sehr deutlich von den im Heimatland gewohnten Erkenntnissen. Insbesondere werden sie von den rechtlichen und institutionellen Rahmenbedingungen und anderen länderspezifischen Einflußfaktoren des Ziellandes überlagert. Beispielsweise muß entschieden werden, ob man ein Produkt, das für den Heimatmarkt entwickelt wurde, unverändert auch im Ausland anbieten kann (**Standardisierung**), oder ob man es anpassen und verändern muß (**Differenzierung, Adaption**). Das Umgehen mit länderspezifischen Faktoren, die sich aus Kultur, Religion, Sprache, Tradition und Mentalität ableiten, wird auch als **interkulturelles Management** zusammengefaßt. Eine stringente Abgrenzung zwischen international/interkulturell und Management/Marketing ist nicht möglich.

Die Probleme, die sich aus dem Aufeinandertreffen unterschiedlicher Kulturen ergeben, sollten auf keinen Fall unterschätzt werden. Interkulturelles Management bezieht sich

- im **Marketing** auf die Produktgestaltung, die Werbung, die Wahl von Vertriebswegen sowie die Kundenbetreuung;
- in der **Vertragsgestaltung** auf die Zahlungsbedingungen, auch im Zusammenhang bezüglich der Vorgehensweise bei Mängelrügen oder Mahnungen;
- im **Rechnungswesen** und im Controlling auf die Zuverlässigkeit von Daten;
- im **Arbeitsrecht** auf unterschiedliche Gepflogenheiten (Pünktlichkeit, religiöse Besonderheiten wie die Fastenzeit Ramadan in arabischen Ländern)

- sowie allgemein auf das **Umgehen mit ausländischen Partnern**, denn die Andersartigkeit von Kunden, Lieferanten und Partnern (z.B. im Rahmen eines *Joint Ventures*) wirkt sich auf fast alle Geschäftsbereiche aus bis hin zum **Verhandlungs-** und **Konferenzmanagement**.

Die Wahrscheinlichkeit, daß die Leser dieses Buches im Berufsleben mit transnationalen Problemen konfrontiert werden, ist recht groß. Die Bedeutung persönlicher interkultureller Kompetenz wird in der Wirtschaft noch zunehmen. Viele Unternehmen berücksichtigen dies bereits bei der Personalauswahl.

- **Umgehen mit ausländischen Partnern**

Der Tritt ins interkulturelle Fettnäpfchen ist oft schon vorprogrammiert: Denkweisen, Kommunikationsstile, Verhaltensmuster sind durch den kulturellen Hintergrund geprägt. Mißverständnisse und Fehlinterpretationen ergeben sich daher sehr leicht. Die Gefahren sind natürlich geringer in Ländern, deren Business-Kultur unserer ähnelt, insbesondere im benachbarten europäischen Ausland. Probleme ergeben sich schnell durch mangelndes Vertrauen in Mitarbeiter oder Kooperationspartner aufgrund ungewohnter Unternehmenskultur, Mentalität und Verhaltensweisen. Vertrauensbildung und kulturelle Annäherung sind ein schwieriges und langwieriges, sensibles Geschäft, aber man kann daran arbeiten. Defizite im kulturellen Verständnis lassen sich kaum durch das Studium von Fachliteratur beheben. Es reicht nicht aus, die Sprache zu beherrschen und durch Marktstudien fremde Märkte zu erforschen. Theoretische Marktkenntnisse allein helfen selten weiter.

Bereits grundlegende Annahmen sind anders. Beispielsweise ist in Asien das **Entscheidungsverhalten** vertrauens- und konsensorientierter als in Europa. Lediglich aufgrund einer formalen Mehrheit - etwa bei einer 51:49-Beteiligungsstruktur in einem Joint Venture - ist keine erfolgreiche Durchsetzung möglich. Ebenso gilt in westlichen Kulturen die Unterschrift unter einen **Vertrag** meist als Abschluß der Verhandlungsphase, während in Indien oder im Nahen Osten die Verhandlungen durchaus auch danach weitergehen, weil der schriftliche Vertrag nicht denselben Stellenwert hat, wie wir es gewohnt sind und nicht als 'Gesetz' zwischen den Partner betrachtet wird. Hingegen haben mündliche Zusagen oft eine sehr hohe, von moralischen Normen abgesicherte Bedeutung.

Auf der Arbeitsebene gibt es unterschiedliche **Distanzkriterien** zwischen Vorgesetzten und Mitarbeitern. In den USA oder in Schweden ist die Anrede mit Vornamen üblich. In China hingegen wäre es eine sehr unhöfliche Peinlichkeit, den Geschäftspartner zu duzen. In Lateinamerika ist man bei ranggleichen Gesprächspartnern wiederum sehr schnell beim *tu*.

Unterschiedliche Distanzauffassungen bestehen auch im räumlichen Sinne, indem beispielsweise in arabischen, südeuropäischen und vielen lateinamerikanischen Ländern eher **Körperkontakt** üblich ist als z.B. in den USA oder Nordeuropa. In arabischen Ländern ist es üblich, daß der Geschäftspartner dicht heranrückt, nicht selten die Hand des Partners ergreift und sie als Zeichen der Verbundenheit während des Gesprächs festhält. Eine Verweigerung kann als Beleidigung gewertet werden. Während ein amerikanischer Gesprächspartner zurückweicht, wenn ihm ein Gesprächspartner räumlich zu nahe kommt, setzt der Südamerikaner nach, um seine für Sprechkontakt notwendige Nähe wiederzuerlangen. Man faßt sich im Gespräch auch gerne am Arm oder Ellenbogen an.

Das **Zeitverständnis** unterscheidet sich in manchen Kulturkreisen deutlich von dem bei uns gewohnten. Dies betrifft sowohl unterschiedliche Vorstellungen hinsichtlich der Notwendigkeit, Aufgaben jetzt oder später zu erledigen (bekannt ist das spanische/lateinamerikanische *mañana*... im Sinne von „Morgen ist auch noch ein Tag"), als auch die Interpretation von Pünktlichkeit: Man wird bei Verabredungen nicht selten gefragt: *„Ora local ó ora alemán?"* (d.h. lokal übliche - laxe - Zeitvorstellung oder deutsche Pünktlichkeit?). In manchem Kulturkreis darf man sich nicht wundern, wenn ein angesagter Besucher nicht erscheint oder der zu besuchende Gesprächspartner beim verabredeten Termin „gerade außer Haus gegangen" ist. Dies hängt allerdings auch vom eigenen *standing* ab.

- **Produktgestaltung und Werbung**

Bei sonst gleichen Produkten kann die **Werbebotschaft** verändert werden, indem beispielsweise beim Automobil in Skandinavien „Sicherheit" betont wird, in den USA "Vergnügen", in Deutschland „Komfort" oder „Umweltschutz". Umgekehrt kann die gleiche Werbebotschaft mit anderen Namen oder Farben verwendet werden, um keine falschen Assoziationen hervorzurufen oder Tabus zu verletzen: Eine Seife wurde in der Werbung in den USA von einer badenden, ziemlich wenig bedeckten Frau benutzt, in Südamerika war es ein Mann im Badezimmer, in Italien konnte man nur die Hand eines Mannes sehen, und in Japan wartete ein Mann vor dem Badezimmer auf die Frau.

Traditionelle ästhetische Normen sollten bei der Form- und Farbgebung von Produkten, Verpackungen und Werbematerial beachtet werden. Bei der **Produktanpassung** kann man beispielsweise Formen, Farben oder den Geschmack verändern: Pulverkaffee hat, wie vorn bereits erwähnt, in Deutschland, Frankreich oder den USA unterschiedlichen Geschmack, Coca-Cola ist je nach Zielland verschieden gesüßt. McDonald's verwendet in Mexiko nicht Ketchup, sondern Chilisoße; die

Autofirmen müssen unterschiedliche Ausstattungsvorschriften berücksichtigen; die Barbiepuppe von Mattel hat in Japan angepaßte Proportionen erhalten; grüne Geräte verkaufen sich in China besser als weiße, denn die Trauerfarbe ist dort weiß, in Lateinamerika lila, in Indien gelb. Von den zahllosen Beispielen seien hier nur einige ergänzend aufgezählt:

- Der Esso-Tiger soll Kraft und Schnelligkeit symbolisieren; in Indien hingegen wird mit dem Tier Furcht assoziiert.
- Die lila Kuh von Milka würde in Venezuela der Farbe wegen leicht mit dem Tod in Verbindung gebracht, in Indien kann sie gar nicht verwendet werden, weil die Kuh ein heiliges Tier ist.
- Die Einstellung zu informativer Werbung ist sehr unterschiedlich: Die sich wissenschaftlich gebenden Werbespots für Zahnpasta haben z.B. in Mexiko keinen Erfolg, weil man sich über Karies kaum Gedanken macht.
- Eine Luftlinie sollte in arabischen Ländern nicht mit einer Stewardess werben, die den Passagieren Champagner serviert, denn dies verletzt islamische Normen.
- Die Autofirma Chevrolet versuchte, eine Modellvariante mit dem Namen 'Nova' im lateinamerikanischen Markt einzuführen - mit sehr mäßigem Erfolg, weil nicht beachtet worden war, daß '*no va*' im Spanischen „geht nicht" bedeutet.
- Das Deodorant *Irish Mist* kam im deutschsprachigen Raum nicht gut an.
- Ein Autotyp MR 2 klingt in Frankreich sehr ähnlich wie „merde".
- Die Typenbezeichnung „Pajero" von Mitsubishi ist im Spanischen ein ziemlich derbes Schimpfwort.

usw., usw.

- **Sprache**

Ein zentrales Problem im internationalen Management ist die Sprache. Eine verhandlungssichere Beherrschung der lokal üblichen **Geschäftssprache** ist eine unverzichtbare Basis für Vertragsverhandlungen und das tägliche Miteinander im Geschäftsleben. Andernfalls gestaltet sich der Umgang zum einen sehr anstrengend, zum anderen können leicht gravierende Verständnisprobleme auftreten.

Grundsätzlich ist es günstig, wenn ein Übersetzer in seine eigene Sprache übersetzen kann. Dies würde bei Konferenzen aber zwei Übersetzer voraussetzen und wird nicht immer zu realisieren sein. Manche Begriffe existieren nicht in der Zielsprache und müssen umschrieben werden, so wie sehr viele anglophone Marketing- und Managementbegriffe. Auch versierte Dolmetscher verstehen nicht alle Begriffe, insbesondere Fachwörter. Um ihr Gesicht nicht zu verlieren, fragen sie oft nicht nach, sondern übersetzen irgend etwas. Ein Indiz ist, wenn eine längere Ausführung in zwei-drei kurzen Sätzen zusammenfassend übersetzt wird. Auch Zuhörer oder Gesprächspartner fragen oft nicht nach. Wer freundlich lächelt, hat nicht unbedingt alles verstanden. Rückübersetzungen wie bei Schriftstücken sind in Konferenz- oder Verhandlungssituationen nicht möglich. Meist muß man darauf vertrauen, daß die Übersetzung richtig ist. Ein gutes Mittel ist, für den Dolmetscher einen Erfolgsbonus auszuloben, so daß er ein eigenes Interesse am Verhandlungserfolg hat und sich besondere Mühe gibt.

Bei Übersetzungen können sich erhebliche Unterschiede zwischen der ursprünglichen und der neuen Bedeutung des Wortes ergeben. Durch Hin- und Herübersetzungen - vom koreanischen Original ins Englische, dann ins Deutsche - können sehr falsche Formulierungen entstehen, insbesondere bei Übersetzungen aus oder in fremde Schriftzeichen (Chinesisch, Japanisch, Kyrillisch etc.).

10.7. Wichtige Aspekte des Außenhandels

In der betrieblichen Außenwirtschaft sind vor allem drei Bereiche zu unterscheiden:
- der Warenhandel (Import und Export),
- der Dienstleistungshandel (Transport, Versicherung, Banken, Technologietransfer, Beratung etc.) und
- Direktinvestitionen im Ausland.

- **Warenhandel**

Im **Warenhandel** haben sich durch den teilweise rigorosen Abbau von Zöllen und nicht-tarifären Handelshemmnissen (z.B. mengenmäßige Handelsbeschränkungen) die Wettbewerbsstrukturen und die Konkurrenzbeziehungen auf sehr vielen Märkten verschoben. Vielfach sind Wettbewerber aus Schwellenländern in Märkte vorgedrungen, die etablierte Anbieter bislang als gesichert angesehen hatten.

Hervorzuheben ist eine deutliche **Regionalisierung** des Welthandels. Es gibt eine Vielzahl von regionalen Integrationsräumen, die als Freihandelszonen, Zollunionen, gemeinsame Märkte oder Wirtschaftsgemeinschaften konzipiert sind. Die Abgrenzung zwischen diesen Varianten kann hier nicht behandelt werden. Allen Integrationsformen ist aber die interne Befreiung von Zoll- und anderen Handelsschranken gemeinsam. Die Integration ist im **Binnenmarkt der Europäischen Union** am weitesten fortgeschritten (sie ist weltweit das einzige Beispiel für eine fast realisierte Wirtschaftsgemeinschaft, obgleich auch andere Regionen sich so nennen). Intern sind alle warenbezogenen Grenzkontrollen weggefallen.

Für die Abwicklung des Warenhandels mit **Drittländern** (d.h. Nicht-EU-Ländern) ist trotz der erfolgten Liberalisierung noch ein beträchtlicher **Aufwand** erforderlich. Dies umfaßt die zollrechtliche, außenwirtschaftsrechtliche, steuerrechtliche und statistische Abwicklung ebenso wie die Beachtung von ordnungsrechtlichen **Verboten und Beschränkungen**, u.a. im Hinblick auf Handelsverbote für Waffen, Drogen etc. sowie im Bereich des Artenschutzes oder der Fleischhygiene. Von besonderer Bedeutung ist die sachgerechte Zuordnung von Einfuhrwaren im **Zolltarif** sowie der Nachweis des **Warenursprungs**, um eventuell zolltarifliche Vergünstigungen (**Präferenzen**) bei Einfuhren aus Partnerländern der EU in Anspruch nehmen zu können. Das Präferenzrecht ist sehr kompliziert, hat aber für Import- und Exportunternehmen große Bedeutung.

Um den Warenverkehr nicht durch administrative Hürden zum Erliegen zu bringen, gibt es zahlreiche Vereinfachungen und Erleichterungen für die Behandlung von Drittlandswaren:

- In sog. **Versandverfahren** können Drittlandswaren unverzollt innerhalb der EU und in einigen Partnerländern transportiert werden.
- In **Zollagern** können Waren unverzollt gelagert werden.
- Im Verfahren der **passiven Veredelung** können Waren zur Be- oder Verarbeitung in Drittländer gebracht und danach wieder zollvergünstigt importiert werden. Zum Beispiel werden Teile nach Polen gebracht, dort zu Elektrogeräten montiert und wieder nach Deutschland transportiert. Nur die Wertschöpfung muß bei der Wiedereinfuhr verzollt werden (Differenzverzollung).
- Umgekehrt werden in der **aktiven Veredelung** unverzollte Drittlandswaren innerhalb der EU be- oder verarbeitet und danach wieder exportiert.

Diese und weitere **Zollverfahren** bieten betriebswirtschaftliche Vorteile unter verfahrenstechnischen, organisatorischen und vor allem finanziellen Aspekten.

Im Exportbereich ist in der EU die Bedeutung der Verfahrensvorschriften insgesamt zurückgegangen. Im Zentrum steht heutzutage vor allem die **Exportkontrolle**, insbesondere im Hinblick auf sog. *Dual-use*-Güter, d.h. Güter mit doppeltem (zivilem und militärischem) Verwendungszweck, deren Export in bestimmte Länder teilweise verboten, ansonsten genehmigungspflichtig ist.

Das Studium dieser Sachgebiete hat starke rechtliche Komponenten, ist jedoch für außenwirtschaftlich tätige Unternehmen von größter Bedeutung. Vielfach bieten sich Fächerkombinationen mit dem Steuerrecht, der Finanzierung, dem Controlling oder dem Marketing an.

- **Risikomanagement im Außenhandel**

Auf die sich aus Sprachproblemen ergebenden Risiken ist oben schon hingewiesen worden. Bei Kaufverträgen (und anderen Verträgen) muß geklärt werden, welchem **Recht** der Vertrag unterliegen soll. Dies kann vertraglich frei vereinbart werden und hängt vor allem von der Machtsituation ab: Käufer und Verkäufer möchten natürlich am liebsten das ihnen vertraute, eigene Recht angewendet wissen. Es ist sehr oft der Fall, daß ein deutsches Unternehmen sich amerikanischem, französischem oder arabischem Recht unterwerfen muß, mit teilweise ungewohnten Komponenten und Prozeduren im Rechtssystem. Beispielsweise sind im US-amerikanischen Recht **Erfolgshonorare** für Anwälte möglich, was nach deutschem Recht nicht zulässig ist, und auch die obsiegende Partei muß u.U. erhebliche **Gerichtskosten** selbst tragen. Eng verbunden mit der Rechtswahl - aber nicht identisch - ist die Vereinbarung des **Gerichtsstandes**, der im In- oder Ausland liegen kann. Insbesondere die **Rechtsverfolgung** und **Durchsetzung von Ansprüchen** im Ausland birgt besondere Probleme in sich. Aus diesen Aspekten entstehen spezifische Risiken, die man teilweise durch juristische Beratung verringern kann, die sich jedoch - vor allem kostenmäßig - meist nicht völlig ausschließen lassen.

Im internationalen Handel ist daher die Vereinbarung privater **Schiedsgerichte** gebräuchlich, wodurch manche Probleme der ordentlichen Gerichtsbarkeit umgangen werden können, aber auch bezüglich der internationalen Schiedsgerichtsbarkeit sollte man sich gut informieren und beraten lassen.

Einige Rechtsbereiche sind aufgrund ausländischer Regelungen besonders sensibel, wie z.B. das **Produkthaftungsrecht**. Das deutsche bzw. europäische Produkthaftungsrecht sind dem US-amerikanischen zwar in vieler Hinsicht ähnlich. Letzteres weist jedoch im Hinblick auf für unsere Verhältnisse sehr hohe Schadenersatzsummen besondere Risiken auf. Deutsche Hersteller können auch durch Exporte, an denen sie selber gar nicht beteiligt waren, in die Produkthaftung einbezogen werden.

Import und Export von Gütern bergen in bezug auf die Zahlungsrisiken und die Kosten- und Gefahrenverteilung beim Transport größere Risiken als der Handel im Inland. Das **Zahlungsrisiko** kann durch eine Reihe abgestufter Zahlungsbedingungen ausgeschaltet bzw. verringert werden, z.B. durch sog. dokumentäre Zahlungen (Dokumenteninkasso, Akkreditiv), bei denen die Ware bzw. die entsprechenden Dokumente erst gegen Zahlung des geschuldeten Betrages ausgehändigt werden, so daß der Käufer vorher nicht über die Ware verfügen kann. Politische und wirtschaftliche Zahlungsrisiken können zudem bei der im Bundesauftrag operierenden Hermes-Versicherungs-AG weitgehend abgesichert werden. Bei Fakturierung in

Auslandswährung können **Wechselkursrisiken** hinzukommen, die sich gleichfalls absichern lassen, beispielsweise durch Devisentermingeschäfte.

Transportrisiken (Güterrisiken) lassen sich durch Versicherungen abdecken, wobei sich die Frage stellt, ob der Käufer oder der Verkäufer die Versicherungskosten trägt. Hierfür kann man vorformulierte Standardklauseln vertraglich vereinbaren (z.B. durch **Lieferbedingungen** wie die INCOTERMS: *International Commercial Terms*), die international gebräuchlich sind, z.B. FOB (*free on board*) oder CIF (*costs, insurance, freight*). Im Zusammenhang mit der Transportabwicklung werden in einem praxisnahen Studium auch die Probleme der internationalen Logistik und Spedition untersucht.

Auf die Risiken, die sich allgemein aus **kulturellen Unterschieden** zwischen den Partnern ergeben, ist bereits oben eingegangen worden.

- **Direktinvestitionen**

Die Beschäftigung mit Direktinvestitionen überschneidet sich in starkem Maße mit Überlegungen im Bereich der traditionellen **Finanzwirtschaft:** Investitionsrechnungen, Renditeanalysen, traditionelle und innovative Finanzinstrumente werden grundsätzlich analog gehandhabt (vgl. Kap. 8). Dies wird im Auslandsbereich ergänzt durch Analysen des ausländischen Marktes (**Markterkundung**) und den mit einer Investition im Gastland verbundenen spezifischen **Risiken**. Hierbei ist vor allem an das **Länderrisiko** zu denken, das weitgehend politisch bedingt ist. Zur Analyse solcher Risiken können verschiedene Methoden angewendet werden, auf die hier nicht eingegangen werden kann. Investitionsrisiken können in bestimmten Fällen versichert werden.

- **Dienstleistungen**

Während die Liberalisierung des Warenhandels im Rahmen von GATT/ WTO[12] seit rund 50 Jahren diskutiert wird, hat man dem Dienstleistungshandel erst seit geraumer Zeit die Aufmerksamkeit in Forschung, Lehre und Politik gewidmet, die ihm aufgrund seiner praktischen Bedeutung zukommt. Die Globalisierung der Dienstleistungsmärkte bedeutet neue Marktchancen; für viele Unternehmen ist die Internationalisierung in diesem Bereich sogar existenznotwendig (Transport, Beratungen). Beim **Technologietransfer** ist das **geistige Eigentum** zu einem zentralen Aspekt geworden. Im Waren- und Dienstleistungsbereich ist die **Marken- und Produktpiraterie** oft ein großes Problem, z. B. das illegale Kopieren von Pro-

[12] GATT = Allgemeines Zoll- und Handelsabkommen (General Agreement on Tariffs and Trade); WTO = Welthandelsorganisation (World Trade Organization).

dukten bzw. die illegale Verwendung von Markenzeichen. Neben rechtlichen Schutzmöglichkeiten sind hier auch auf Unternehmensebene zahlreiche Vorkehrungen möglich.

10.8. Integration internationaler Komponenten in das Studium

Im Zuge der zunehmenden Internationalisierung der Unternehmen und der Globalisierung der Märkte wird es für Hochschulabsolventen immer wichtiger, mit den internationalen Dimensionen der Betriebswirtschaftslehre vertraut zu sein. Neben dem entsprechenden Wissen gewinnen dabei interkulturelle **Schlüsselqualifikationen** an Bedeutung: Sprachkenntnisse, Auslandserfahrung, Kommunikation, Verhandlung und Zusammenarbeit mit ausländischen Partnern und Mitarbeitern. Dies geht so weit, daß man als Hochschulabsolvent damit rechnen muß, im Laufe seines Berufslebens mehrere Jahre im Ausland zu verbringen; in nicht wenigen in Deutschland ansässigen Unternehmen wird auch intern nur Englisch gesprochen.

Deutsche Studenten sind im internationalen Vergleich beim Studienbeginn meist **älter** als z.B. französische oder englische Berufsanfänger, und dieser komparative Nachteil wird verstärkt durch tendenziell längere Studienzeiten. Daher sind Absolventen deutscher Hochschulen oft einige Jahre älter als ausländische Kommilitonen, wenn sie ins Berufsleben eintreten. Nicht selten ist hierzulande ein gewisses Zögern zu beobachten, Sprachen zu erlernen und Studiensemester oder Praktika im Ausland einzuplanen. Andererseits enthält das **Anforderungsprofil** vieler Personalmanager in zunehmendem Maße nun gerade diese internationalen Komponenten.

Es ist daher zu empfehlen, in ein Studium der Betriebswirtschaftslehre **Sprachkurse**, **Auslandssemester** und **Praktika** zu integrieren. In zahlreichen Prüfungs- und Studienordnungen ist dies bereits 'von Amts wegen' geschehen. Ansonsten sollte dies in eigener Initiative erfolgen. Möglicherweise läßt sich auch die Diplomarbeit mit einem Auslandsaufenthalt verbinden.

11. Betriebliches Rechnungswesen, Kostenrechnung, Controlling

Das betriebliche Rechnungswesen ist fast als die Seele des Unternehmens anzusehen. Ohne eine solide Zahlenbasis wären viele Entscheidungen auf Sand gebaut. Für das Verständnis und die Vorbereitung betriebswirtschaftlicher Entscheidungen ist das Rechnungswesen eine unabdingbare Grundlage. Neben den Dokumentations- und Überwachungsfunktionen des Rechnungswesens werden für die Unternehmensführung zukunftsgerichtete Informationen benötigt.

Das betriebliche Rechnungswesen liefert Mengen- und Wertdaten. Sie dienen zur Planung, zur Entscheidungsvorbereitung, zur Kontrolle und zur Steuerung; sie geben Aufschluß über Erfolg oder Mißerfolg, über Gewinn und Verlust des Unternehmens; sie sind Grundlage für die Preispolitik (Kalkulation) sowie für die zahlreichen Steuern und sonstigen Abgaben, die Unternehmen zu entrichten haben.

Es gibt verschiedene Systematiken für die Einteilung des betrieblichen Rechnungswesens. Allgemein ist zwischen internem und externem Rechnungswesen zu unterscheiden. Das **externe Rechnungswesen** stellt das Bindeglied nach außen dar, u.a. in Beziehung zu den Eigenkapitalgebern, zum Staat (Steuern), zu Banken oder anderen Kreditgebern. Es umfaßt die **Finanzbuchführung** und die **Bilanz** als Bestandsrechnung sowie die **Gewinn- und Verlustrechnung** (G+V) als Erfolgsrechnung. Hierfür bestehen gesetzliche Vorschriften bezüglich Form und Inhalt.

Das **interne Rechnungswesen** ist nach innen gerichtet, wird nicht veröffentlicht und wird unternehmensspezifisch ausgestaltet. Es umfaßt die **Kostenrechnung** und die **Leistungsrechnung**, die **Betriebsstatistik**, die **Vergleichsrechnung** und die **Planungsrechnung**. Im Gegensatz zur jährlich ausgerichteten Finanzbuchhaltung ist die Kostenrechnung meist monatlich, teilweise noch kurzfristiger orientiert. Die Kostenrechnung erfaßt die verursachten Kosten ihrer Art nach (**Kostenartenrechnung**), nach dem Ort der Entstehung (**Kostenstellenrechnung**) und nach der sie verursachenden Leistung (**Kostenträgerrechnung**).

11.1. Buchführung und Jahresabschluß

Das Rechnungswesen - intern wie extern - registriert alle betrieblichen Aktivitäten in chronologischer Folge in **Konten**. **Bestandskonten** (Lagerbestände, Forderungen, Bankguthaben etc.) werden in der **Bilanz** zusammengeführt, **Erfolgskonten** (Ergebniskonten) verdichten sich in der **Gewinn- und Verlustrechnung** (G+V).

Ein Konto hat immer zwei Seiten ('links' und 'rechts'), die bei Bestandskonten als **Soll** und **Haben** und bei Erfolgskonten als **Aufwand** (Werteverzehr) und **Ertrag** (Werteentstehung) bezeichnet werden. Wenn man ein Konto tabellarisch darstellt, sieht es durch den Querstrich unter der Kontenbezeichnung und den Trennstrich in der Mitte optisch wie ein 'T' aus; man spricht daher auch von **T-Konten**. Natürlich verwenden die meisten Unternehmen heutzutage kaum noch T-Konten in der klassischen Form, da die Buchführung elektronisch verarbeitet wird, aber das Prinzip ist dasselbe.

Für die Systematisierung der Konten in der Buchführung gibt es zum einen verbindliche Vorgaben (sog. **Kontenrahmen**), die sich aufgrund unterschiedlicher Zwecksetzungen für bestimmte Branchen unterscheiden. Daneben steht es natürlich den Unternehmen frei, betriebsintern eigene Buchführungssysteme zu verwenden.

Die Finanz- oder Geschäftsbuchführung hat viele Schnittstellen mit dem internen Rechnungswesen. Die Finanzbuchhaltung ist eine Zeitabschnittsrechnung, die in den **Jahresabschluß** mit der Aufstellung von **Bilanz** und **G.u.V.** mündet. Der Jahresabschluß muß bei bestimmten Unternehmensformen (u.a. AG, GmbH, Banken) von externen Sachverständigen geprüft, festgestellt und veröffentlicht werden. Für die meisten Betriebe allerdings besteht diese Verpflichtung nicht.

- **Bilanz**

Die *Bestände* des Unternehmens an Vermögen und Kapital (Anlagen, Lagerbestände, Bankguthaben, Forderungsbestände etc.) werden mengenmäßig - jährlich auf einen bestimmten Stichtag bezogen - durch **Inventur** ermittelt und in einem als **Inventar** bezeichneten Verzeichnis registriert. Die Mengen werden dann bewertet und nach Arten getrennt in **Beständekonten** erfaßt. Diese werden in der **Bilanz** zusammengefaßt. Aufgrund des Prinzips der *doppelten Buchführung* wird jeder Vorgang wertmäßig identisch auf zwei Konten erfaßt, sinngemäß einmal 'links' und einmal 'rechts'. Wenn man nun die Summe aller Links-Buchungen und aller Rechts-Buchungen ermittelt, muß sich logischerweise jeweils dieselbe Summe ergeben: Eine Bilanz ist daher *immer* ausgeglichen. Ist dies nicht der Fall, muß sich irgendwo ein Buchungsfehler eingeschlichen haben, und die Sucherei geht los.

In der Bilanz unterscheidet man die **Aktivseite** als 'linke' Seite, in der das Vermögen oder anders gesehen: die Mittelverwendung verzeichnet ist. Die **Passivseite** als 'rechte' Seite enthält das Kapital bzw. die Mittelherkunft. Bei den Aktiva wird zwischen **Anlagevermögen** und **Umlaufvermögen** unterschieden, was im wesentlichen eine Frage des Zeithorizonts ist (kurzfristige, langfristige Nutzung), auf der Passivseite sind vor allem **Eigenkapital** und **Fremdkapital** („Schulden") abzugrenzen. Hinsichtlich der Bewertung einzelner Positionen in der Bilanz gibt es bestimmte **Bewertungsregeln**, die teils Gebote, teils Verbote sind, teilweise Wahlmöglichkeiten anbieten. Beispielsweise müssen Abschreibungen (z.B. für Wertminderungen durch Abnutzung) von den Anschaffungskosten berechnet werden, obgleich eine Wiederbeschaffung des irgendwann abgeschriebenen Wirtschaftsgutes meist teurer ist. Auch die Wertberichtigung von Risiken (z.B. bei Forderungen) unterliegt bestimmten gesetzlich normierten Grundsätzen.

Die Bilanz ermittelt den **Erfolg** durch Gegenüberstellung der Veränderungen von Vermögens- und Kapitalbeständen gegenüber dem Vorjahr: Endbestand minus Anfangsbestand plus Entnahmen minus Einlagen. Die **G+V** hingegen ermittelt den Erfolg als Aufwand minus Ertrag. Eine besondere Problematik ergibt sich daraus, daß das Rechnungsjahr 12 Monate umfaßt, aber nicht alle Aktivitäten sich an diese Begrenzung halten: Viele reichen über die Datumsgrenze hinaus. Dies muß durch **Rechnungsabgrenzungen** aufgefangen werden, so daß jeweils nur die für die Abrechnungsperiode relevanten Anteile berücksichtigt werden.

- **Gewinn- und Verlustrechnung** (G+V)

Während die Bilanz den Erfolg aus der Gegenüberstellung von Beständen am Jahresanfang und am Jahresende ermittelt (Bilanzstichtag), beruht die **Erfolgsrechnung** der **Gewinn- und Verlustrechnung** (G+V) in der Gegenüberstellung der Ströme von **Aufwand** ('links') und **Ertrag** ('rechts') im Verlauf der Betrachtungsperiode. Durch Einbeziehung von Gewinn- oder Verlustvorträgen aus dem Vorjahr ergibt sich der **Bilanzgewinn** bzw. **-verlust** (daher der Name G+V).

Auch für die G+V gibt es gesetzliche Vorschriften u.a. bezüglich der Mindestgliederung, wobei teilweise Wahlmöglichkeiten zwischen verschiedenen Darstellungsmethoden bestehen.

11.2. Kostenrechnung

- **Aufgaben der KR**

Die ursprünglich als Abrechnungs- und Kalkulationsinstrument entwickelte Kostenrechnung ist zu einem sehr wichtigen **Führungsinstrument** geworden. Unabhängig von anderen Funktionen soll die Kostenrechnung die Entscheidungsgrundlagen liefern für die **Kalkulation** von Verkaufs- bzw. Angebotspreisen sowie die ex-post-Kontrolle der **Wirtschaftlichkeit** durch Nachkalkulation und Auswertung von Erfahrungen. Als **Kosten** bezeichnet man den Werteverbrauch, der bei der Erstellung von betrieblichen Leistungen erfolgt, der Wertezuwachs heißt **Leistung**. In der Finanzbuchhaltung wird nur der Werteverzehr erfaßt, der mit Ausgaben verbunden ist (Aufwand), in der Betriebsabrechnung (Betriebsbuchführung) wird auch der Werteverzehr erfaßt, der keine Ausgaben verursacht (z.B. kalkulatorische Abschreibungen).

Istkosten-Rechnungen gehen von den tatsächlichen Kosten aus, **Plankosten**-Rechnungen von **Sollkosten** und **Normalkostenrechnungen** beispielsweise von (historischen) **Durchschnittskosten**. Dabei werden meist Abweichungsanalysen durchgeführt (Soll-Ist-Vergleich). Zunehmend werden auch zwischenbetriebliche Kostenvergleiche angestellt (*Benchmark Costing*), wobei man sich meist an erfolgreichen, starken, beispielhaften Konkurrenten orientiert. Zum anderen wird je nach der Erfassungsmethode zwischen **Voll-** und **Teilkostenrechnungen** unterschieden, welche die *fixen* und *variablen Kosten* in unterschiedlicher Weise erfassen.

Die Kostenrechnung teilt sich in drei Hauptgebiete auf:

- Die **Kostenartenrechnung** dient der Erfassung und Systematisierung aller im Lauf des Abrechnungszeitraums anfallenden Kosten. Sie ermittelt, welche Kosten angefallen sind, z.B. Personal-, Material- oder Energiekosten. Ein wichtiger Bereich sind **kalkulatorische Kosten**, wie z.B. kalkulatorische Zinsen für eigenes Kapital, das ein Unternehmer in seinem Betrieb arbeiten läßt, um eine gewisse Gleichbehandlung mit Fremdkapital zu erreichen. Dies gilt analog für kalkulatorische Löhne und kalkulatorische Wagnisse.

- In der **Kostenstellenrechnung** wird ermittelt, wo die Kosten angefallen sind. Für die Zurechnung der Kosten zu den einzelnen Betriebsbereichen sind in der Praxis unterschiedliche Verfahren gebräuchlich. Eine zentrale Bedeutung hat dabei der sog. **Betriebsabrechnungsbogen**.

- In der **Kostenträgerrechnung** wird ermittelt, wofür die Kosten angefallen sind (**Selbstkostenrechnung**, Stückkostenrechnung, **Kalkulation**). Sie werden z.B. einzelnen Produkten oder Produktgruppen zugeordnet und dienen somit als Grundlage der Preispolitik, um festzustellen, in welchem Ausmaß die Produkte durch ihre Preise die Kosten 'verdienen', die sie verursacht haben. Während **Einzelkosten** direkt dem Kostenträger zuzurechnen sind - z.B. der Materialverbrauch -, kann dies bei **Gemeinkosten** nur indirekt erfolgen. Beispielsweise sind die Lohnkosten eines Außendienstmitarbeiters, der verschiedene Produkte anbietet, nur durch einen Verteilungsschlüssel den einzelnen Produkten zuzurechnen. Auch hier gibt es eine Vielzahl von verschiedenen Kalkulationsverfahren, die teils 'von unten nach oben' (Zuschlagskalkulation), teils 'von oben nach unten' rechnen (Divisionskalkulation). In diesem Zusammenhang sind Begriffe wie Herstellkosten, Herstellungskosten und Selbstkosten für den Laien kaum zu unterscheiden (u.a. enthalten die Selbstkosten bereits kalkulatorischen Gewinn).

- **Voll- und Teilkostenrechnungen**

Hinsichtlich des Umfangs der Kostenverrechnung stehen Alternativen zur Auswahl, die unterschiedliche Ergebnisse liefern. Grundsätzlich müssen langfristig die Erlöse alle Kosten, d.h. Fixkosten und proportionale Kosten, sowie einen als angemessen erachteten Gewinn abdecken. Die Vorgehensweise ist jedoch unterschiedlich:

- **Voll-Kostenrechnungen** verrechnen *alle* Kosten auf die Kostenträger, wobei man zwischen **Einzelkosten**, die den Kostenträgern direkt zurechenbar sind, und nicht direkt zurechenbaren **Gemeinkosten** unterscheidet. Diese müssen durch Verteilungsschlüssel umgelegt werden, die sich üblicherweise aus Erfahrungssätzen ergeben.

- **Teil-Kostenrechnungen** erfassen nur die **proportionalen Selbstkosten** (variablen Kosten), die dem Kostenträger direkt und ohne willkürliche Schlüsselung verursachungsgerecht zurechenbar sind (z.B. Materialkosten). Daher spricht man auch von **Direct Costing**. Da bei linearem Kostenverlauf die proportionalen Kosten den Grenzkosten entsprechen, spricht man auch von **Grenzkostenrechnung.** Die fixen Kosten (z.B. Mieten) werden nicht dem Produkt zugerechnet, sondern *en bloc* in das Betriebsergebnis übernommen. Berücksichtigt man auch die Erlöse, wird eine solche kurzfristige Erfolgsrechnung als **Deckungsbeitragsrechnung** bezeichnet: Die Differenz zwischen dem zu erlösenden Preis und der Summe der dem Projekt direkt zurechenbaren variablen Kosten wird **Deckungsbeitrag** genannt. Die Summe aller Deckungsbeiträge muß den **Fixkostenblock** und den **Gewinn** abdecken.

Vollkostenrechnungen dominieren in der Praxis. Im Bundesdurchschnitt werden sie von 60-65 % aller Unternehmen angewendet, u.a. im mittelständischen Baugewerbe, aber auch in anderen Branchen. Großunternehmen neigen eher zu Teilkostenrechnungen; Branchen mit relativ wenig intensivem Wettbewerb arbeiten häufiger mit Vollkostenrechnungen als Branchen mit intensiver Konkurrenz, wo meist Teilkostenrechnungen bevorzugt werden.

- Eine neuere Entwicklung sind **Prozeßkostenrechnungen**. Sie erfassen die innerbetriebliche Leistungserstellung und bewerten sie mit Kosten. Ziel ist die Steuerung der Inanspruchnahme der Ressourcen, da zwischen diesen und den Produkten *per se* keine unmittelbar in Kostengrößen darstellbaren Beziehungen bestehen. Das Leistungsgeflecht wird mengen- und zeitmäßig erfaßt, indem die zur Leistungserstellung erforderlichen Tätigkeiten und Teilprozesse definiert und - kostenstellenübergreifend - zu sachlich zusammenhängenden Hauptprozessen verbunden werden. Für diese werden jeweils die sog. **Kostentreiber** ermittelt.

11.3. Controlling

Controlling ist ein recht schillernder und in der Fachliteratur wenig einheitlich verwendeter Begriff. Ursprünglich entstammt das Controlling dem Rechnungswesen und ist auch heute dort schwerpunktmäßig angesiedelt, nicht zuletzt im Hinblick auf Steuerrecht und Wirtschaftsprüfung. Daneben wird der Begriff jedoch auch auf ganz andere Zusammenhänge angewendet, zum Beispiels als Personalcontrolling, Anlagencontrolling (auch technischer Art), Umweltcontrolling oder als Marketingcontrolling.

'Controlling' ist nicht gleichzusetzen mit 'Kontrolle', schließt diese sicherlich mit ein, geht aber deutlich über reine Überwachungsfunktionen hinaus, denn Controlling umfaßt auch - im Wege der Rückkopplung (*feed back*) - **gestaltende, planende** und **steuernde Eingriffe**, zumindest aber Empfehlungen für Veränderungen, beispielsweise um bei Abweichungen von Sollvorgaben gegenzusteuern. Es ist daher als eine wichtige Führungsfunktion des Unternehmensmanagement anzusehen.

Zentraler Aspekt jedes Controlling ist ein Soll-Ist-Vergleich, um festzustellen, ob und inwieweit angestrebte Ziele verwirklicht wurden. Die Beschreibung dieser Ziele muß so operational sein, daß man die Zielverwirklichung messen kann. Dies ist nicht unbedingt numerisch gemeint, aber meist (vgl. Abschn. 2.3). Im Zusammenhang mit dem betrieblichen Rechnungswesen gibt es zahllose Kennziffern, die bestimmte Größen zueinander in Beziehung setzen (z.B. Rendite, und auch dabei gibt es zahlreiche Varianten) und die man im Soll-Ist-Vergleich mit sich selbst, im Zeitablauf und/oder im Quervergleich mit anderen Unternehmen analysieren kann.

12. Steuerlehre und Steuermanagement

Der immer wieder zitierte 'Steuerdschungel' enthält wahrlich eine große Zahl von Steuern, mit denen sich Unternehmen (und Privatleute) auseinandersetzen müssen. Die betrieblichen Vorgänge haben vielfältige steuerliche Konsequenzen, die sich auf den **Unternehmenserfolg**, das **Vermögen** und die **Liquidität** auswirken. Daher zählen Veranstaltungen zur Unternehmensbesteuerung in der Regel zum Pflichtprogramm der betriebswirtschaftlichen Studienpläne. Die betriebliche Steuerlehre befaßt sich mit der *mikroökonomischen* Perspektive der Steuern, im Gegensatz zur *makroökonomischen* Steuerlehre, welche die Steuerwirkungen unter volkswirtschaftlichen Aspekten betrachtet (u.a. Budgetwirkungen, Verteilungswirkungen und Vermögenswirkungen). An fast allen deutschen Hochschulen gibt es Lehrstühle für betriebliche Steuerlehre. Vor allem Studenten, die eine steuerberatende Tätigkeit anstreben (Steuerberater, Wirtschaftsprüfer), wählen die betriebliche Steuerlehre als Studienfach.

Konzeptionell beschäftigt sich die betriebliche Steuerlehre mit den **Wirkungen** der relevanten Steuern auf das Unternehmen, um diese in die betrieblichen Entscheidungen einbeziehen zu können. Dies wird ergänzt durch die **Steuergestaltung**, um eine aus unternehmerischer Sicht optimale Steuerbelastung zu erreichen. Das Steuerrecht wirkt sich auf verschiedene Aspekte des unternehmerischen Geschehens aus, u.a. auf Standort, Rechtsform, Organisation, Investition, Finanzierung, Leistungsprozesse sowie Personalmanagement. Hierbei ist in zunehmendem Maße auch das **internationale Steuerrecht** von Bedeutung, d.h. die Unterschiede zwischen den verschiedenen nationalen Steuerrechten.

Die spiegelbildliche Betrachtung, zu welchen finanz- und sozialpolitischen **Zwekken** Steuern erhoben werden und wie diese sich auf die öffentlichen Haushalte von Bund, Ländern und Gemeinden verteilen **(Finanzausgleich)**, liegt von der Sache her außerhalb der Betrachtungen im Rahmen der betrieblichen Steuerlehre. Hier besteht eine Schnittstelle zur **volkswirtschaftlichen** (gesamtwirtschaftlichen) Betrachtung im Rahmen von Wirtschaftspolitik, Finanztheorie, Finanzpolitik und öffentlicher Finanzwirtschaft.

12.1. Steuerliche Begriffe

Das Steuerrecht ist Teil des **besonderen Verwaltungsrechts** und dieses wiederum Teil des **öffentlichen Rechts**. Die Erhebung hoheitlicher **Abgaben** erstreckt sich auf Steuern, Gebühren, Beiträge, Sonderabgaben und steuerliche Nebenleistungen. 'Abgaben' ist der Oberbegriff. Das nationale (deutsche) Steuerrecht gilt nur im Hoheitsgebiet des jeweiligen Staates **(Erhebungsgebiet)**; dieses **Territorialitätsprinzip** gilt - als Grundsatz des Völkerrechts - natürlich nicht nur für das Steuerrecht, sondern grundsätzlich für alle Rechtsgebiete.

- **Steuern** sind Geldleistungen an den Staat, die allen auferlegt werden, die den betreffenden Steuertatbestand erfüllen. Für diese Geldleistung gibt es keine direkt zurechenbare Gegenleistung.
- Im Gegensatz dazu werden **Gebühren** nur dann erhoben, wenn bestimmte öffentliche Leistungen genutzt werden, beispielsweise Verwaltungsgebühren (für die Zulassung von Kraftfahrzeugen) oder Benutzungsgebühren (für Mülldeponien).
- **Beiträge** wiederum sind Entgelte für das Angebot öffentlicher Leistungen, und sie sind unabhängig davon zu entrichten, ob die betreffende Leistung tatsächlich genutzt wird oder nicht, beispielsweise Sozialversicherungsbeiträge.
- **Sonderabgaben** sind zweckgebunden und dienen der Finanzierung besonderer Aufgaben durch einen bestimmten Personenkreis, zum Beispiel die Ausgleichsabgabe nach dem Schwerbehindertengesetz.
- Zu den **steuerlichen Nebenleistungen** zählen Verspätungszuschläge (bei verspäteter Abgabe von Steuererklärungen), Zinsen (auf Steuernachforderungen) oder Säumniszuschläge (bei verspäteter Leistung geschuldeter Steuern).

Der **Steuerpflichtige** (oder Steuersubjekt) ist derjenige, der die durch die Steuergesetze festgelegten Pflichten und Rechte hat (dazu zählen auch Buchführungspflichten); der **Steuerschuldner** ist der zur Entrichtung der Steuer Verpflichtete. Wie bei den Linkshändern, die Menschen sind, während nicht alle Menschen Linkshänder sind, gilt dabei, daß jeder Steuerschuldner zugleich auch Steuerpflichtiger ist, aber nicht umgekehrt. **Steuerzahler** ist, wer nach dem Gesetz die Steuerzahlung zu leisten hat. Steuerschuldner und Steuerzahler sind meist identisch. Eine Ausnahme ist beispielsweise der Arbeitgeber, der die Lohnsteuer für den Arbeitnehmer an das Finanzamt abführt. **Steuerträger** ist, wer die Steuer wirtschaftlich im Endeffekt trägt. Steuerträger und Steuerschuldner sind also dann nicht identisch, wenn der Steuerträger die Steuerlast auf einen andern überwälzt, so wie es bei Verbrauchsteuern typisch ist (Mineralöl, Bier etc.).

Steuergegenstand (Steuerobjekt) ist der Tatbestand, an den die Steuerpflicht anknüpft. Dabei kann es sich um einen *Vorgang* (Verkauf), *Zustand* (Gewerbebetrieb) oder *Gegenstand* (Vermögen) handeln. Die **Steuerbemessungsgrundlage** definiert das Steuerobjekt wert- oder mengenmäßig, legt also fest, in Abhängigkeit *wovon* zu zahlen ist, während der **Steuersatz** die *Höhe* des Steueranspruchs definiert. Das Produkt aus Steuerbemessungsgrundlage und Steuersatz ergibt die **Steuerschuld**. Der **Durchschnittssteuersatz** ergibt sich als Quotient aus Steuerschuld und Bemessungsgrundlage, der **Grenzsteuersatz** aus dem Quotienten 'Veränderung der Steuerschuld' geteilt durch 'Veränderung der Bemessungsgrundlage'.

Ein fundamentaler Grundsatz ist die **Steuergerechtigkeit**, die sich aus dem Gleichheitssatz nach Art. 3 des Grundgesetzes ableitet. 'Gerechtigkeit' darf man nicht intuitiv interpretieren, weil man sich sonst sehr leicht vertut. Vier Kriterien sind hervorzuheben:

- Steuern dürfen nur auf gesetzlicher Grundlage erhoben werden, wobei die Steuertatbestände genau festgelegt sein müssen.
- Gleiche Sachverhalte müssen gleich behandelt werden.
- Alle, die einen Steuertatbestand erfüllen, sind zur Steuerzahlung heranzuziehen.
- Die Steuerbelastung soll sich nach der wirtschaftlichen Leistungsfähigkeit richten.

12.2. Wichtige betriebliche Steuern

Im Rahmen der betrieblichen Steuerlehre sind vor allem vier Steuern von besonderer Bedeutung:

- Die **Einkommensteuer** (ESt) erfaßt das Einkommen natürlicher Personen. Dies ist für alle Unternehmen relevant, die keine juristischen Personen sind. Die Besteuerung orientiert sich an der wirtschaftlichen Leistungsfähigkeit (Steuerprogression, Freibeträge). Natürliche Personen mit Wohnsitz oder gewöhnlichem Aufenthalt (mehr als sechs Monate) im Inland sind unbeschränkt einkommensteuerpflichtig, unabhängig davon, wo das Einkommen erzielt wird (sog. **Welteinkommen**). Zweck dieser Regelung ist die Erschwerung einer Steuerflucht durch Verlegung des Wohnsitzes in Niedrigsteuerländer. Für bestimmte Tatbestände ist die Steuerpflicht beschränkt.

Abhängig Beschäftige (Arbeitnehmer) unterliegen grundsätzlich der **Lohnsteuer**, deren Tarifstruktur der Einkommensteuer analog ist. Bei bestimmten Tatbeständen (Einkommenshöhe, mehrere Einkommensquellen) 'wechselt' der Lohnsteuerpflichtige jedoch in die Einkommensteuer.

- Das Einkommen juristischer Personen - wie AG oder GmbH - unterliegt der **Körperschaftsteuer** (KSt). Auch hier wird das **Welteinkommen** erfaßt. Die Besteuerung nach der Körperschaftsteuer berührt nicht die Steuerpflicht der Anteilseigner.

- Steuergegenstand der **Gewerbesteuer** (GewSt) ist der Gewerbebetrieb. 1998 wurde die Gewerbekapitalsteuer abgeschafft, so daß nur noch der **Gewerbeertrag** besteuert wird. Die Gewerbesteuer ist eine Gemeindesteuer, unterliegt aber bundeseinheitlich dem Gewerbesteuergesetz. Die Gemeinden können die **Steuerhebesätze** individuell festsetzen, so daß sich unterschiedliche Anreize bei der Standortwahl ergeben.

- Die **Umsatzsteuer** (USt) ist eine Verkehrsteuer, die unabhängig vom Gewinn oder Verlust eines wirtschaftlichen Vorgangs entsteht. Sie wird auf allen Ebenen der Wirtschaftsprozesse erhoben, ist also eine sog. **Allphasensteuer**. Belastet werden soll der Endverbraucher, der zusammen mit dem Kaufpreis die Umsatzsteuer zu bezahlen hat. Daher können z.B. im Produktionsprozeß die Vorsteuern, die beim Einkauf von Materialien bezahlt wurden, von der Steuerschuld abgezogen werden **(Vorsteuerabzug)**, so daß nur die jeweilige Wertschöpfung des Unternehmens (Mehrwert) besteuert wird. Daher wird die Umsatzsteuer 'bürgerlich' auch als **Mehrwertsteuer** bezeichnet, offiziell heißt sie jedoch Umsatzsteuer. Da der Endverbraucher keine Vorsteuer abziehen kann, trägt er die volle Steuerlast. Die Umsatzsteuer wirkt somit wie eine Verbrauchsteuer. Steuerschuldner ist hingegen der Unternehmer, der die Umsatzsteuer 'kassiert' und an das Finanzamt abführen muß (indirekte Steuer).

Die zahlreichen übrigen Steuern, die von Bund, Land oder Gemeinde erhoben werden, stellen nicht spezifisch auf Unternehmen ab, beispielsweise die Verbrauchsteuern auf Mineralöl, Tabak, Branntwein, Bier oder Kaffee. Üblicherweise werden diese Themen im Rahmen des Studiums der betrieblichen Steuern nicht weiter vertieft.

12.3. Internationales Steuerrecht

Zwischen den Steuersystemen bestehen international erhebliche Unterschiede. Dies bezieht sich zum einen auf die **Steuerarten** - beispielsweise gibt es in Deutschland keine Weinsteuer, wohl aber in Frankreich. Zum anderen sind auch innerhalb der Steuerarten die Regelungen bezüglich **Steuergegenstand** (Steuerobjekt), **Steuerbemessungsgrundlage** und **Steuertarifen** meist sehr verschieden.

Diese Unterschiede betreffen die Unternehmen in aller Regel nur im Zusammenhang mit auslandsbezogenen Aktivitäten, d.h. wenn sie **Außenhandel** betreiben oder sich mit **Direktinvestitionen** im Ausland engagieren. Im Rahmen eines betriebswirtschaftlichen Studiums, auch mit einem Schwerpunkt in betrieblicher Steuerlehre, können die vielfältigen Unterschiede zwischen all den verschiedenen nationalen Steuersystemen natürlich nicht im Detail berücksichtigt werden, doch ist es wichtig, den Blick für die unterschiedlichen Regelungen zu schärfen.

Beispielsweise sind im Warenverkehr mit anderen Ländern verschiedene Umsatzsteueraspekte zu berücksichtigen. Einfuhren aus anderen Mitgliedsstaaten der Europäischen Union nach Deutschland unterliegen nicht der deutschen Umsatzsteuer, da diese nach dem **Territorialitätsprinzip** nur für Umsätze in Deutschland gilt. Folglich unterliegen Wareneinfuhren aus Mitgliedsstaaten der Europäischen Union einer speziellen **Steuer auf den innergemeinschaftlichen Erwerb** (mit einer analogen Struktur wie die deutsche Mehrwertsteuer). Einfuhren aus Drittstaaten (außerhalb der EU) hingegen unterliegen der **Einfuhrumsatzsteuer** (EUSt). Viele Unternehmen leben also in drei Umsatzsteuerwelten, da trotz des Wegfalls der Binnenzölle wegen der unterschiedlichen Steuersysteme sowohl bei der Einfuhr nach als auch bei der Ausfuhr aus Deutschland entsprechender 'Papierkram' abzuwickeln ist.

Die Diskussion bezüglich der **Steuerharmonisierung** innerhalb der EU kommt auf der politischen Ebene nicht recht voran. Neben der Harmonisierung der Verbrauchsteuern (Mineralöl, Tabak etc.) müßten auch die Lohn- und Einkommensteuern harmonisiert werden, um derzeit bestehende Wettbewerbsverzerrungen abzubauen und eine Steuersituation zu erreichen, wie sie zwischen den einzelnen Bundesländern in Deutschland besteht. Die Umsatzsteuer wird gegenwärtig nach dem sog. **Bestimmungslandprinzip** erhoben: Sie wird beim Verbraucher 'kassiert'. Dies ist für exportstarke Länder wie Deutschland ein Nachteil, weil - so gesehen - der Fiskus der Nachbarländer von unserer Exportstärke profitiert. Das Alternativmodell wäre für Exportländer das **Ursprungslandprinzip**, so daß die Steuer am Ort der Produktion erhoben würde. Eine Umstellung des Systems würde natürlich die nationalen Steueraufkommen nachhaltig beeinflussen, so daß Vor- und Nachteile über ein entsprechendes Verrechnungs- und Kompensationssystem aufgefangen werden müßten (*Clearing*). Hierüber ist bisher weder national noch international Einvernehmen erzielt worden.

Literatur

- Birker, Klaus: Betriebswirtschaftslehre. Berlin 1997.
- Corsten, Hans: Grundlagen der Wettbewerbsstrategie. Stuttgart 1998.
- Drosse, Volker: Investition. Wiesbaden 1997.
- Füser, Karsten: Modernes Management. München 1997.
- Gonschorrek, Ulrich: Personalmanagement. Berlin 1997.
- Grefe, Cord: Unternehmenssteuern, 3. Aufl. Ludwigshafen 1998.
- Gutenberg, Erich: Einführung in die Betriebswirtschaftslehre. Wiesbaden 1990 (Nachdruck der Aufl. von 1958).
- Haberstock, Lothar / Breithecker, Volker: Einführung in die betriebswirtschaftliche Steuerlehre, 9. Aufl. Hamburg 1997.
- Hahn, Oswald: Allgemeine Betriebswirtschaftslehre, 3. Aufl. München 1997.
- Horváth, Péter: Controlling, 6.Aufl. München 1996.
- Kennedy, Carol: Management-Gurus - 40 Vordenker und ihre Ideen. Wiesbaden 1998.
- Luderer, Bernd / Nollau, Volker / Vetters, Klaus: Mathematische Formeln für Wirtschaftswissenschaftler, 2. Aufl. Stuttgart 1999.
- Olfert, Klaus / Rahn, Horst-Joachim: Lexikon der Betriebswirtschaftslehre. Wiesbaden 1996.
- Perridon, Louis / Steiner, Manfred, Finanzwirtschaft der Unternehmung, 9. Aufl. München 1997.
- Peters, Sönke / Brühl, Rolf / Stelling, Johannes: Betriebswirtschaftslehre-Einführung, 7. Aufl. München 1997.
- Piel, Andreas / Hollidt, Andreas: Steuerlehre - Überblick und Einführung in die Betriebswirtschaftliche Steuerlehre mit ausgewählten Gesetzestexten. Berlin 1997.
- Pietschmann, Bernd P. / Vahs, Dietmar: Einführung in die Betriebswirtschaftslehre. Stuttgart 1996.
- Schierenbeck, Henner: Grundzüge der Betriebswirtschaftslehre, 12. Aufl. Wettenberg 1996.
- Specht, Günter: Einführung in die Betriebswirtschaftslehre, 2. Aufl. Stuttgart 1997.
- Wöhe, Günter: Einführung in die Allgemeine Betriebswirtschaftslehre, 19. Aufl. München 1996.

Sachwortverzeichnis

GPSR Compliance

The European Union's (EU) General Product Safety Regulation (GPSR) is a set of rules that requires consumer products to be safe and our obligations to ensure this.

If you have any concerns about our products, you can contact us on ProductSafety@springernature.com

In case Publisher is established outside the EU, the EU authorized representative is:

Springer Nature Customer Service Center GmbH
Europaplatz 3
69115 Heidelberg, Germany

Batch number: 10816182

Printed by Printforce, the Netherlands